PETITE BLIOTHEQVE AGRICOLE PRATIQVE

Publiée sous la direction de J. RAYNAUD

AVICULTURE ET PISCICULTURE

20 CENTIMES

A·L·GUYOT· Editeur
PARIS — 12 Rue Paul-Lelong·

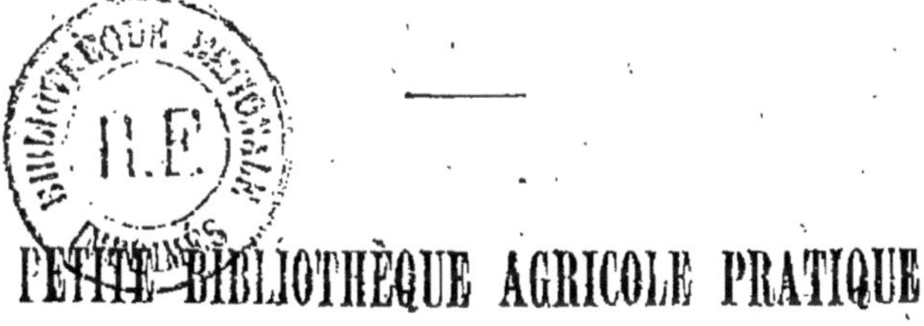

PETITE BIBLIOTHÈQUE AGRICOLE PRATIQUE

PETITE

BIBLIOTHÈQUE AGRICOLE PRATIQUE

publiée sous la direction de

J. RAYNAUD

Directeur de l'École pratique d'Agriculture de Fontaines
(Saône-et-Loire).

TOME XV

Aviculture et Pisciculture

PAR

P. ZIPCY, ✿ A., ✱ M. A.

Professeur d'Agriculture et de Pisciculture
Lauréat de la Société d'encouragement pour l'industrie nationale et de l'Exposition universelle de 1900.

PARIS
A.-L. GUYOT, ÉDITEUR
12, rue Paul-Lelong

INTRODUCTION

Les animaux de basse-cour, et surtout la poule, sont connus depuis la plus haute antiquité. Leur type originel s'est plus ou moins perdu par suite d'une longue domesticité. D'un autre côté, les croisements ont produit de nombreuses races. Leur robuste constitution, leur développement très rapide, le parti qu'ils savent tirer de toutes choses, et souvent de matières qui seraient perdues, leur grande fécondité, la variété et la qualité de leurs produits, etc., en font des animaux de la plus grande utilité, des commensaux de toute exploitation agricole.

On a souvent dit avec raison que la basse-cour est la *corne d'abondance* de la fermière. Cette dernière, économe, prévoyante et laborieuse, ramasse un peu tous les jours, et les petits profits, répétés souvent, très souvent, finissent au bout d'un certain temps, par faire des sommes qui ne sont pas à dédaigner à beaucoup près.

Pour nous résumer nous dirons que les produits, des volailles, très importants en France, sont encore susceptibles de devenir beaucoup plus considérables par suite d'un élevage intelligent et bien entendu.

Les animaux de basse-cour comprennent :

1° Les poules ; 2° Le dindon ; 3° L'oie et le canard ; 4° La pintade ; 5° Les pigeons ; 6° Les oiseaux de volière ; 7° Le lapin.

AVICULTURE

LES POULES

CHAPITRE PREMIER

**Considérations générales sur l'installation
d'une basse-cour**

La poule est le plus important des animaux de
basse-cour. Elle appartient à l'ordre des *gallinacés*.

DISPOSITION GÉNÉRALE. — Dans l'installation, l'or-
ganisation d'une basse-cour, il faut considérer deux
cas :

1° *Les poules en captivité, au parquet ;*

2° *Les poules en liberté.*

POULES EN CAPTIVITÉ. — On peut dire d'une manière générale que la poule a un caractère assez vagabond, que l'état casanier ne lui va guère. Elle a la pas-
sion de l'indépendance. La basse-cour ne lui suffit
pas, il lui faut l'espace. L'élevage est en général plus
économique en liberté qu'au parquet, en exceptant

cependant certains cas particuliers, dans lesquels les poules en liberté peuvent causer des dégâts appréciables.

Il existe certaines races dites *races de parquet*, telles que la *Houdan*, la *Crèvecœur*, la *Faverolles*, la *Cochinchinoise*, la *poule de Brahma-Pootra*, la *poule Langshan*, etc., de caractère beaucoup plus sédentaire que d'autres.

INSTALLATION D'UNE BASSE-COUR. — Il ne peut être question ici d'une installation de luxe, comme on en rencontre dans certains châteaux, mais bien d'un aménagement hygiénique, confortable, répondant parfaitement aux besoins et aux exigences des animaux pour que ceux-ci puissent donner le maximum de produits.

SOL. — Le sol de la basse-cour doit être absolument sain, de nature légère, sablonneuse autant que possible, et en pente. Il faut avoir recours à un drainage si le sol ne s'égoutte pas naturellement.

EXPOSITION. — Les meilleures expositions, pour une basse-cour, sont celles du midi, de l'est et du sud-est. Quelques arbres ou arbustes sont nécessaires pour procurer de l'ombrage. L'installation sera abritée du nord soit par un bâtiment, soit par un mur assez élevé.

SUPERFICIE. — Nous l'avons déjà dit, la poule est un animal qui doit courir. Le grand air et la liberté lui sont nécessaires. En circulant, elle trouve une partie de sa nourriture, des insectes de toutes sortes et des matières végétales. Il faut donc mettre à la disposition des poules captives une cour aussi grande que possible. Il n'y a pas de limite maxima,

mais on peut dire qu'il faut au minimum une surface de 1 are pour 15 à 20 poules. Cette surface doit
être plus grande s'il y a des poussins.

CLÔTURE. — On peut clore une basse-cour de différentes façons, soit en employant des clôtures en
bois (lattes), goudronné, ou injecté, ou du grillage
métallique galvanisé de 1 m. 80 à 2 m. de hauteur.

INTÉRIEUR DE LA BASSE-COUR. — Indépendamment
des conditions générales que nous venons de voir,
une basse-cour doit présenter à l'intérieur certaines
dispositions, dont les principales sont :

1° *Un hangar*, simple, rustique, couvert en
chaume ou toute autre matière, pour abriter les
poules contre les intempéries.

Fig. 1.

2° *Un abreuvoir* quelconque, a bords plats (fig. 1).
On le dépose à l'ombre en été, et à l'abri du froid en
hiver. Il faut qu'il contienne toujours de l'eau propre
et fraîche. On peut remplacer avantageusement
l'abreuvoir par de l'eau constamment courante, une
rigole ou un fossé peu profond.

3° *Une fosse à gratter.* — Il est utile d'établir dans une basse-cour une petite fosse qu'on remplit de cendre et de sable fin pour que les poules puissent aller gratter, se rouler et se poudrer.

Quelques basses-cours possèdent également une fosse à fumier ou à terreau.

4° *Auge et trémie.* — Au lieu de jeter la nourriture par terre, il est bien préférable de la déposer dans une auge (fig. 2) ou dans une trémie spéciale.

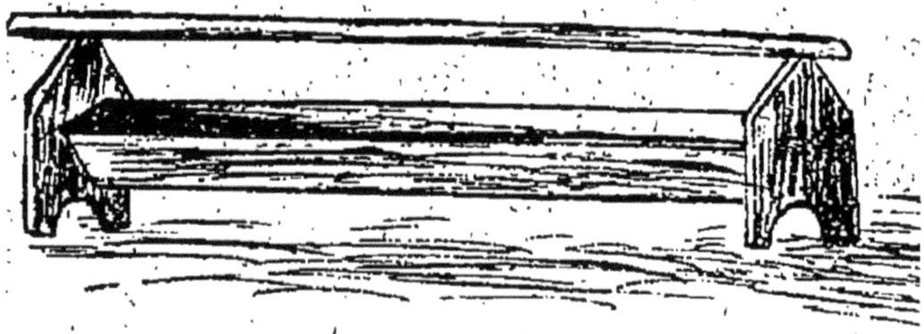

Fig. 2.

5° *Une pelouse,* pour procurer aux poules de l'herbe et des insectes.

6° Un poulailler pour loger les poules.

POULES EN LIBERTÉ. — Pour les poules qui sont en liberté, la basse-cour ne se compose que d'un poulailler. L'entretien et l'élevage des poules libres est, en général, plus économique.

POULAILLER

On installera le poulailler, dans un endroit abrité de la basse-cour, exposé au midi, au sud-est ou au levant, et bien garanti du nord, des vents et de la pluie.

CONSTRUCTION. — Le poulailler doit être suffisamment vaste par rapport au nombre de poules à loger.

On peut employer, pour la construction, différents matériaux.

1° *La maçonnerie;*

2° *La terre et la pierraille* qui sont plus économiques que la maçonnerie, mais moins solides;

3° *Le bois* est économique et fait de bons poulaillers quand on les construit soigneusement, avec toutes les précautions nécessaires.

De plus, le bois permet de construire des poulaillers démontables et transportables.

OUVERTURES. — La porte, généralement à un ventail, peut être coupée en travers par le milieu pour aérer le poulailler, tout en le tenant fermé, par la partie inférieure de cette porte. On ménage ordinairement, vers le bas, à o m. 15 au-dessus du sol, une petite porte carrée de o. m. 20 environ de côté, pour que les poules puissent entrer et sortir à volonté.

Les fenêtres d'un poulailler doivent être garnies d'un grillage et d'un volet extérieur qu'on laisse ouvert ou fermé selon la saison.

SOL. — Il est préférable de ne pas paver ni daller le poulailler, et laisser le sol naturel. On peut cependant le recouvrir d'une couche d'argile battue qui durcit, et sur laquelle on dépose une certaine épaisseur de sable.

AÉRATION. — On augmente l'aération du poulailler au moyen d'ouvertures avec portes à coulisse, placées, autant que possible, au nord et au sud, et sur la partie supérieure, près du toit.

NETTOYAGE. — Le poulailler doit toujours être tenu

proprement, nettoyé souvent. On doit également nettoyer, râcler et laver tous les bois, perchoirs, échelles, pondoirs, etc. ; si l'on s'aperçoit que le poulailler est envahi par la vermine, il faut que ce lavage se fasse avec une solution antiseptique. Enfin, une fois par an au moins, les murs, le plafond, etc., doivent être grattés et blanchis à la chaux, ce qui détruit les insectes. Si les murs sont en maçonnerie, il est préférable de les enduire d'un bon crépis à la chaux hydraulique.

La fiente doit être enlevée au moins 3 fois par semaine.

DISTRIBUTION DU POULAILLER. — Selon l'importance de la basse-cour, on doit diviser le poulailler en deux ou trois compartiments pouvant communiquer entre eux au moyen de portes :

1° Un compartiment pour les poules pondeuses ;
2° Un compartiment pour les couveuses ;
3° Un dernier compartiment pour les volailles à l'engrais.

PARC. — Il est utile que la partie du poulailler habitée par les couveuses communique à une cour y attenant, bien close et exposée, autant que possible, au midi ou à l'est-sud-est. Les poussins, exigeant des soins particuliers, ne doivent pas, dès le début, être mêlés avec les autres poules. Ce parc peut également servir, au moment de la ponte, à séparer quelques poules et coqs de choix.

MOBILIER DU POULAILLER. — Le mobilier du poulailler se compose d'un certain nombre d'objets, dont les principaux sont :

1° *Perchoir.* — Le perchoir est une barre de bois,

plate ou carrée, sur laquelle les poules se perchent pour se coucher.

La disposition horizontale des perchoirs est préférable, quoique demandant plus de place, à la forme en échelle. Ils sont placés à une distance variable, les uns des autres (o m. 5o en moyenne) selon les races, et à o m. 5o ou o m. 6o au-dessus du sol, selon la grosseur et le poids des poules.

2° *Nids pondoirs*. — Il existe diverses espèces de pondoirs ou nids. Lorsque les murs sont en maçonnerie et assez épais, on construit dans leur épaisseur de petites cases, carrées ou arrondies, où les poules vont pondre. Mais, le plus souvent, on em-

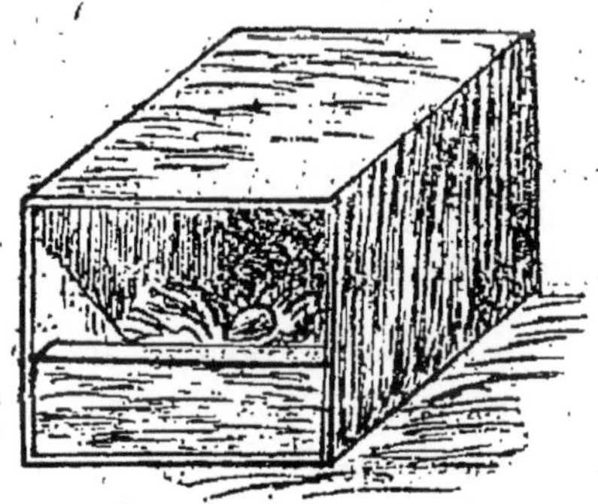

Fig. 3.

ploie des pondoirs en osier ou en bois (fig. 3) accrochés aux murs. Il faut environ 4 à 5 pondoirs pour 25 poules. Le fond doit être garni d'une petite couche de paille souple que l'on change souvent. L'accès des pondoirs doit être facile aux poules.

3° *Auges et abreuvoirs*. — Le nombre d'auges et

d'abreuvoirs doit être suffisant pour que les poules puissent manger et boire à l'aise, sans se gêner.

Désinfection du poulailler. — Indépendamment des soins de propreté que nous avons indiqués plus haut : nettoyages, lavages, grattages, etc., de toutes les parties du poulailler, il est souvent indispensable d'avoir recours à une désinfection complète lorsque la vermine a pris possession du domicile des poules, au moyen de vapeurs de soufre et de poudre de pyrhètre.

CHAPITRE II

Races de Poules

Nous diviserons les races de poules en deux grandes catégories :

1° Les races françaises ; 2° les races étrangères.

Races Françaises

Il existe un certain nombre de races françaises dont les principales sont :

Race commune. — La race commune, qui comprend la plupart des poules de ferme, ne présente aucun caractère propre et varie suivant les contrées. C'est un mélange de diverses races. Les poules communes sont petites ou de moyenne grosseur, de plumage très varié. Elles sont vagabondes, et quelquefois même assez sauvages. Elles commettent généralement des dégâts plus ou moins considérables. Reconnaissons cependant qu'elles sont rustiques, assez bonnes pondeuses et bonnes couveuses, bien acclimatées à la localité où elles se trouvent.

Race de Houdan. — Elle est originaire de Houdan (Seine-et-Oise), et peut être considérée, sous tous les rapports, comme une de nos meilleures races de poules tant au point de vue de la ponte qu'à celui de la boucherie.

La race de Houdan est excellente, c'est une de nos meilleures pondeuses. Les poulettes commencent à pondre dès le mois de décembre ; elle fournit par conséquent des poulets précoces. Elle est rustique, assez facile à acclimater. Enfin les volailles de Houdan prennent un grand développement, atteignent facilement un poids vif de 2 kil. 500 à 3 kil. et fournissent une quantité de viande considérable et d'excellente qualité. Cette race est donc très recommandable sous tous les rapports.

La poule de Houdan est médiocre couveuse ; c'est pour cela quel pond beaucoup. Ses œufs sont gros. Plumage caillouté, cinq doigts aux pattes.

Race de Faverolles. — C'est une race voisine de Houdan, elle est produite et élevée dans les mêmes localités. Elle provient de croisements divers : la poule commune, ou la poule de Houdan avec des races Cochinchinoise, de Dorking et de Brahma-Pootra, aussi n'offre-t-elle pas de caractères bien fixes et spéciaux.

Le corps des Faverolles est très fort, épais, volumineux, posé sur de fortes pattes garnies de plumes. Leur plumage varie ; tantôt il rappelle celui de la Cochinchinoise de couleur jaunâtre, tantôt il est clair comme celui des volailles de Brahma-Pootra, et, quelquefois enfin, leur robe est plus ou moins foncée et ressemble à celle de la race de Houdan.

Une volaille de Faverolles adulte et grasse pèse en moyenne 3 kil. à 3 kil. 500 (poids vif).

Cette race constitue un des plus beaux types de poules de ferme. Elle est rustique, peu exigeante, s'accommode de tout et vit très volontiers au parquet. Ses poussins sont aussi d'une rusticité exceptionnelle, mangent beaucoup, sont peu difficiles et se développent très vite. La Faverolles est donc une race très précoce, très volumineuse et à chair fine. Les poulets peuvent être engraissés à partir de l'âge de 3 mois 1/2 ou 4 mois. Ils engraissent très vite et peuvent acquérir de grands poids de 2 kilog. à 2 kil. 500 (poids vif). Ils sont très estimés. C'est donc une race essentiellement productrice de viande et très recommandable sous ce rapport; la poule est une assez bonne pondeuse et une couveuse médiocre.

RACE DE CRÈVECŒUR. — Cette race est également originaire de la Seine-et-Oise ; Crèvecœur est le nom d'une petite localité de ce département. Elle est très répandue en Normandie et en Picardie. C'est aussi une de nos meilleures races françaises et des plus répandues, surtout dans la région du Nord-Ouest.

La race de Crèvecœur est excellente, sous tous les rapports. Elle est très sédentaire et s'accommode très bien de la vie au parquet, en captivité. La poule est une très bonne pondeuse, et ses œufs sont très volumineux (pesant ordinairement 80 grammes). Mais elle est assez mauvaise couveuse. Disons enfin, pour terminer cette rapide description, que les animaux de race Crèvecœur, sont des plus appréciés pour leur

chair qui est très fine et très recherchée. Leur corps
est volumineux, charnu, bien développé et fournit
beaucoup de viande, mais ils sont en général moins
rustiques, plus délicats que ceux des 2 précédentes
races Plumage noir, huppe abondante.

RACE DE CAUMONT. — C'est plutôt une variété de
la race de Crèvecœur, avec laquelle elle a beaucoup
de rapports, qu'une race proprement dite. Elle présente quelques différences par la huppe, et l'absence
de la cravate. Les volailles de Caumont, sont plus
rustiques et plus robustes que celles de Crèvecœur.

Elles donnent également une excellente chair
très estimée. La poule est une très bonne pondeuse.
Les poussins sont rustiques, s'élèvent très facilement,
sont précoces et s'engraissent vite.

RACE DE LA FLÈCHE. — Comme les précédentes,
c'est une race du Nord-Ouest et de l'Ouest. Elle est
surtout répandue dans la Sarthe et les départements
limitrophes. C'est également une très bonne race,
principalement au point de vue de la production de
la viande. Elle est rustique, précoce (elle atteint
toute sa croissance, vers l'âge de 8 mois) et de caractère assez sédentaire. Le corps est volumineux ; le
plumage noir, brillant, à reflets verts et violacés. Les
animaux de la Flèche s'engraissent très facilement,
sans même être chaponnés. Les jeunes poules
grasses sont très renommées comme poulardes.
Leur chair est fine, délicate et très estimée. La poule
est bonne pondeuse et produit des œufs très gros.

RACE DU MANS. — Cette race ressemble beaucoup
et se confond souvent avec celle de la Flèche. Elle
en diffère par sa crête, très développée en forme de

coquille, frisée, granulée, pointue en arrière. C'est également une excellente race, très recherchée pour l'engraissement.

RACE DE BARBEZIEUX. — Race de l'Ouest et du Sud-Ouest, qu'on rencontre dans la Charente, et qui fournit de beaux animaux, assez élevés sur jambes, à plumage noir, sans huppe. Leur chair est de très bonne qualité et estimée. La poule est bonne pondeuse, ses œufs sont gros.

RACE DE LA BRESSE. — Cette race est répandue dans le département de l'Ain, et surtout aux environs de Bourg. Il en existe plusieurs variétés, dont les principales sont : 1° la *bleue*, 2° la *noire*, 3° *la blanche* et *grise*. — La plus commune est la noire.

Les volailles de la Bresse, qui ont les membres charnus, les os petits, sont assez précoces et s'engraissent facilement. Les poulardes de la Bresse, ont une grande réputation. Leur chair est de première qualité. La poule est une bonne pondeuse, bonne couveuse et très bonne mère. Ses œufs sont beaux et blancs. Elle est d'un caractère sédentaire et très rustique. Elle présente donc de très sérieuses qualités.

DIVERSES AUTRES RACES FRANÇAISES. — Nous venons de citer les principales races françaises, mais il en existe encore beaucoup d'autres de moindre importance et notamment :

1° *La poule des Ardennes*, petite, rustique et bonne pondeuse ;

2° *La poule de Caux*, répandue en Normandie, très rustique, bonne pondeuse ;

3° *La race Coucou de Rennes*, au joli plumage.

gris, barré de noir ; race très rustique, bonne pondeuse, à chair excellente, recherchée ;

4° *La race du Gâtinais*, blanche, précoce et bonne pondeuse ;

5° *La poule courtes-pattes*, répandue surtout dans le Maine, au plumage noir, très bonne pondeuse et rustique ;

6° *La race de Gascogne*, répandue dans le Sud-Ouest, rustique, très bonne pondeuse, couve de bonne heure. Sa chair est de bonne qualité.

Races étrangères

Nous les divisons en deux catégories : 1° Les races d'Europe ; 2° Les races d'Asie.

Races d'Europe

Race de Hambourg. — C'est une race importante à plusieurs points de vue et surtout sous le rapport de la production des œufs. Elle est d'une grande fécondité et sa chair est en même temps très fine. Elle est d'un caractère assez vagabond et le coq d'humeur peu sociable. Cette race présente trois variétés :

1° La variété dorée ; 2° la variété argentée ; 3° la variété noire.

Les deux dernières sont plus fécondes que la première.

La poule est une excellente pondeuse, mais ses œufs sont assez petits.

Race de Bréda. — Grande race, d'origine hollandaise, mais assez peu répandue en France. Elle forme quatre variétés :

1° *La variété ardoisée*; 2° *la variété coucou*; 3° *la noire*; 4° *la blanche*.

La poule est bonne pondeuse, couve rarement mais très bien, ses œufs sont jolis. Cette race est précoce, s'engraisse facilement et sa chair est bonne.

RACE DE LA CAMPINE. — Cette race, qui ressemble beaucoup à celle de Hambourg, présente deux variétés :

1° *La variété dorée*; 2° *la variété argentée*. Elle est aussi de caractère vagabond, mais très rustique, s'engraisse bien, sa chair est de bonne qualité et ses poussins s'élèvent facilement.

Elle est originaire de Belgique. La poule de la Campine est une pondeuse hors ligne, la meilleure entre toutes, puisqu'elle arrive à produire de 240 à 300 œufs par an, tandis que la moyenne de la production est de 100 à 130. On l'a surnommée, avec raison, *pond tous les jours*. Ses œufs sont petits, mais bons.

RACE DE BRUGES OU D'YPRES. — Bonne race rustique, bonne pondeuse, œufs très gros. Couve rarement, mais très bien.

RACE DORKING. — Race anglaise, mais d'origine française, à belle prestance et à plumage très brillant, mais plutôt de luxe que pratique ; elle forme un certain nombre de variétés. Elle possède cinq doigts aux pattes.

RACE ANGLAISE. — On désigne sous le nom de poules anglaises plusieurs variétés d'une charmante petite race presque naine. Ces petites poules, très jolies, très douces et très familières pondent beaucoup, mais de petits œufs, couvent très bien et sont d'excellentes mères. Elles sont sédentaires et ne grattent généralement pas. On les emploie souvent à couver les œufs de faisans et de perdrix.

RACE DE PADOUE. — C'est encore une race de luxe, qui n'offre rien d'intéressant au point de vue lucratif et qui est caractérisée par une huppe abondante de couleur différente de celle du plumage.

Cette race forme cinq principales variétés :

1° *La noire*; 2° *la blanche*; 3° *la chamois*; 4° *la dorée*; 5° *l'argentée*. Elle pond beaucoup, mais ses œufs sont très petits.

RACE ESPAGNOLE. — Nous ne reconnaissons à la race Espagnole qu'un seul mérite, celui d'être une excellente pondeuse et de produire de gros œufs. Son plumage est en général noir; son attitude, qui est fière, celle d'un matadore, indique ses habitudes et sa vaillante destinée.

Le coq a l'air d'un hidalgo, fier de sa noblesse et de son antique renommée; c'est un grand d'Espagne. Sa compagne est une coquette pour qui le rôle de mère est inconnu. Cette race forme trois variétés :

1° *La noire*; 2° *la blanche*; 3° *la bleue cendrée*. Ses poussins sont délicats et sensibles au froid.

RACES ASIATIQUES

L'Asie, et surtout l'Extre-Orient, nous a fourni un certain nombre de bonnes races dont les principales sont :

RACE DE LANGSHAN. — Cette race, originaire du nord de la Chine, est recommandable sous bien des rapports : elle est très volumineuse, rustique, bonne pondeuse et excellente couveuse. Sa taille est très forte, ses membres charnus et sa chair de bonne qualité; elle possède, en outre, de grandes aptitudes à l'engraissement.

La poule de Langshan présente le grand avantage de pondre en hiver et de bonne heure. Ses œufs sont relativement petits, mais cela n'empêche qu'ils produisent de gros poulets, étant bien pourvus de jaune ou vitellus.

Le plumage de cette race est d'un beau noir, à reflets métalliques. Ses mœurs douces et son caractère sédentaire font qu'elle prospère bien au parquet. Les volailles de Langshan pèsent en moyenne, à l'état vif, de 3 kil. à 4 kil. Elles sont d'un grand produit en viande.

RACE COCHINCHINOISE. — Encore une race monumentale, originaire de la Cochinchine, qui présente certaines qualités. Elle est bonne pondeuse et excellente couveuse, de taille et de poids considérables (les animaux adultes pèsent de 3 à 3 kil. 500, poids vif), mais le squelette est plus volumineux que celui de la Langshan et sa chair de qualité ordinaire. Cette race forme un certain nombre de variétés :

1° La jaune; 2° la blanche; 3° la noire ; 4° la coucou ; la perdrix ou rouge. Elle est également de caractère sédentaire.

RACE DE BRAHMA-POOTRA. — Originaire du pays d'Assam, cette race est moins répandue en France que les précédentes. Elle fournit encore de très gros animaux, producteurs de viande. Leur taille et leur poids seraient plus considérables que ceux des Cochinchinois. Le coq est hardi et fier. Son plumage est riche et éclatant.

Cette race est rustique, bonne pondeuse, surtout bonne couveuse et sa viande, qui est abondante, est de meilleure qualité que celle de la précédente. Elle a servi, en France, à quelques croisements.

Il existe encore un certain nombre d'autres races étrangères de luxe, de fantaisie ou de curiosité, que nous ne mentionnerons pas, ne présentant aucun intérêt au point de vue de l'élevage sérieux et lucratif.

L'école d'aviculture de Gambais (Seine-et-Oise) possède de magnifiques collections de volailles des diverses races françaises et étrangères. Elle fournit des sujets remarquables et des œufs pour la reproduction.

TABLEAU DE CLASSIFICATION DES POULES,
SANS DISTINCTION DE NATIONALITÉ PAR ORDRE DE MÉRITE

Ponte

	Race de la Campine..............	Pondeuses hors ligne 240 à 300 œufs par an.
	Race de Hambourg..............	
	Race de Houdan..............	
	Race Espagnole..............	
	Race de Crèvecœur..............	
ŒUFS	Race de Gascogne au Caussade.....................	Très bonnes pondeuses, 150 à 230 œufs par an.
	Race de Caumont..............	
	Race de Faverolles..............	
	Race de Padoue..............	
	Race de Breda..............	

ŒUFS
- Race de la Bresse..........
- Race commune..........
- Race de la Flèche..........
- Race Cochinchinoise..........
- Race naine Anglaise..........
- Race de Barbezieux..........
- Race de Langshan..........
- Race Coucou de Rennes....

} Bonnes pondeuses, 120 à 150 œufs par an.

Boucherie

VIANDE
- Race de Houdan..........
- Race de Crèvecœur..........
- Race de la Flèche,..........
- Race du Mans..........
- Race de Faverolles..........
- Race de la Bresse..........

} Chair abondante et très fine de 1ʳᵉ qualité.

- Race Cochinchinoise..........
- Race Langshan..........
- Race Dorking..........
- Race Brahma-Pootra..........
- Race de Barbezieux..........

} Chair très abondante.

Couvaison

INCUBATION
- Race Cochinchinoise..........
- Race de Langshan..........
- Race de Brahma-Pootra..........

} Excellentes couveuses.

- Race Dorking..........
- Race commune..........
- Race de Bréda..........
- Race de Gascogne..........
- Race de Barbezieux..........

} Bonnes couveuses.

CHAPITRE III

Reproduction

AMÉLIORATION DES RACES. — Les races peuvent être améliorées : 1° par *sélection* ; 2° par *croisement*.

SÉLECTION. — On peut former une très bonne basse-cour avec des types choisis dans une même race et, le plus souvent ce moyen donne de meilleurs résultats que le croisement. Il permet de conserver la race dans toute sa pureté et avec toutes ses aptitudes, tout en l'améliorant. Pour cela il faut toujours choisir les meilleurs reproducteurs, aussi bien le coq que la poule, ceux qui présentent le plus les caractères de la race, les mieux conformés, les plus forts, etc.

On évitera de prendre pendant trop longtemps les reproducteurs dans la basse-cour même.

Influence de la nourriture et des soins. — Pour les volailles, aussi bien que pour les autres animaux, la nourriture et les soins exercent une influence considérable. Les meilleurs sujets dégénèrent rapidement faute de soins.

CROISEMENT. — Il consiste à améliorer une race par une autre. La question est assez grave ; le croisement judicieusement pratiqué peut donner de très bons résultats ; mais, s'il est mal appliqué, il peut être très nuisible et aller à l'encontre du but. Il faut apporter à cette opération, qui exige des connaissances sérieuses, des soins persévérants et beaucoup de méthode, savoir s'arrêter à temps, et introduire de nouveau le sang étranger si on s'aperçoit que les produits dégénèrent et s'éloignent du type améliorateur.

D'une manière générale, il ne faut toucher qu'avec la plus grande réserve aux bonnes races, à celles qui justifient leur réputation par l'abondance et la qualité de leurs produits, œufs ou viande, et qui donnent de réels bénéfices. On peut être moins hésitant lorsqu'il s'agit de races inférieures.

Pour nous résumer sur cette importante question du croisement, nous dirons : 1° Que nous possédons en France d'excellentes races, sous tous les rapports, que nous devons conserver pures, mais en leur donnant tous les soins désirables pour perfectionner les types, hygiène, nourriture, etc.

CHOIX DES REPRODUCTEURS

Le choix des reproducteurs est une question très importante dans l'amélioration des races.

Choix du coq. — Le coq doit être choisi avec le plus grand soin :

1° Il faut qu'il possède bien tous les caractères de sa race ;

2° Qu'il soit bien fait, fort, bien étoffé ;

3° Il doit avoir le regard vif, l'attitude fière, le bec gros et court, la crête bien rouge, les pattes armées de vigoureux éperons, un plumage abondant et de nuances éclatantes dans son espèce ;

4° Il doit être ardent, attaché à ses poules et en

avoir soin. En général, il ne faut pas livrer le coq à la reproduction avant l'âge de 6 à 8 mois. Avec un coq trop jeune on rencontre beaucoup d'œufs clairs. Les fatigues de la reproduction peuvent également arrêter plus ou moins son développement.

Lorsqu'un coq a une trop grande quantité de poules, beaucoup d'œufs restent clairs. En moyenne il ne faut pas donner plus de 10 à 12 poules à un coq adulte. S'il est jeune, 7 à 10 suffisent.

La vigueur du coq diminue, en général, à partir de la 3ᵉ ou 4ᵉ année. Il faut donc le remplacer quand il est arrivé à cet âge.

Quelquefois, par accidents ou par maladies, les coqs perdent leur faculté de reproduction.

Choix de la poule. — Comme pour le coq, il faut donner la préférence aux poules les mieux conformées, les plus grosses, à celles qui présentent le plus les caractères de la race. De plus une bonne poule :

1° Doit être douce, bien emplumée, avoir le bassin large et l'abdomen gros, bien garni de plumes ;

2° Manger bien et être bonne mère ;

3° Dans chaque race on devra prendre les poules qui pondent les plus gros œufs et, si on veut des pondeuses, choisir celles qui pondent le plus.

Chez la poule, les aptitudes à l'engraissement et à couver dépendent surtout des races.

Pour l'engraissement nous citerons surtout les races de Houdan, de Crèvecœur, de Faverolles, de la Flèche, de la Bresse, de Cochinchine, de Lang-shan, etc.

Les meilleures couveuses se trouvent surtout dans les races Cochinchinoise, Langshan, Commune, la petite poule Anglaise, etc.

Chez la poule, comme chez le coq, l'aptitude à la reproduction diminue sensiblement à partir de l'âge de 3 à 4 ans.

DE LA PONTE

La ponte est plus ou moins active selon les saisons. C'est au printemps, et surtout en février, mars et avril, que les poules pondent le plus. C'est à l'automne, septembre, octobre et novembre, qu'elles pondent le moins. Les races précoces recommencent à pondre fin décembre et janvier.

La ponte commence en décembre et janvier pour les poulettes précoces, celles des mois de mars et avril. Les tardives, celles de l'été, ne pondent leurs premiers œufs qu'au printemps suivant.

La quantité d'œufs produite dépend surtout :

1° De la race ; 2° de la nourriture ; 3° de l'exposition de la basse-cour.

Race. — Nous avons vu plus haut quelles sont les races les meilleures pondeuses.

Nourriture. — La nourriture exerce une influence marquée sur la quantité d'œufs. Une bonne nourriture substantielle et des matières animales favorisent la ponte.

Exposition de la basse-cour. — Une basse-cour et un poulailler bien exposés, au midi ou au sud-est, à l'abri du froid, favorisent la précocité de la ponte. Les poules doivent être chaudement logées en hiver.

Nombre d'œufs. — Au point de vue de la quantité d'œufs produits, nous classerons les poules en 4 catégories :

1° *Les très bonnes pondeuses* qui produisent de 200 à 300 œufs par an. Races de la Campine, de Hambourg;

2° *Les bonnes pondeuses* qui donnent annuellement de 130 à 200 œufs. Races de Houdan, Crèvecœur, Bresse, de Gascogne, Faverolles, etc;

3° *Les pondeuses ordinaires* produisant par an de 100 à 120 œufs. Races Commune, de Bréda, de Padoue, Dorking, etc. ;

4° Enfin, *les mauvaises pondeuses* qui ne pondent que 60 à 80 œufs par an.

C'est à l'âge de 2 et 3 ans que les poules pondent le plus. A partir de 4 ans l'activité de la ponte diminue progressivement et assez rapidement.

Ce sont les poules qui ne couvent pas qui pondent le plus.

Signes. — Une crête bien rouge, l'œil vif et la voracité, indiquent en général, qu'une poule se dispose à pondre.

Ponte d'hiver. — Pour obtenir une ponte précoce, à partir de la fin décembre :

1° On se procurera des poulettes précoces, des mois de mars et avril;

2° On donnera aux poules une nourriture riche, substantielle et stimulante, de bons grains et des matières animales ;

3° On leur procurera un poulailler bien chaud en hiver, exposé au midi ou au sud-est.

Ponte de printemps. — C'est la ponte ordinaire,

le moment où toutes les poules pondent le plus, en mars, avril et mai.

Ponte d'été et d'automne. — Ce sont surtout les races très bonnes et bonnes pondeuses, qui pondent encore en été et en automne, la Campine, la Hambourg, la Houdan, la Crèvecœur, etc., qui ne couvent pas.

Les pondeuses doivent être maintenues en bon état, sans être grasses, ni maigres.

Dénichage des œufs. — Il faut enlever les œufs des nids tous les jours, ordinairement le soir. On peut les dénicher deux fois par jour, à midi et le soir ; mais on devra opérer cet enlèvement avec quelques précautions et toujours à la même heure, sans déranger les poules.

Nids cachés. — Certaines poules vagabondes ne pondent pas dans le poulailler et vont déposer leurs œufs dans des nids qu'elles construisent dans des endroits cachés, dans les haies, etc.

Pour leur faire perdre cette habitude, il faut les prendre avant qu'elles ne quittent le poulailler, s'assurer qu'elles doivent pondre et les renfermer dans les nids.

INCUBATION

Choix des œufs. — Quelque fois on isole, avec un coq, les plus belles poules afin d'avoir des œufs de choix pour mettre à couver. On doit choisir, en général, les œufs plutôt gros, par rapport à la race et surtout les plus *frais*. Nous entendons par œufs frais, ceux qui ont de 1 à 5 jours de ponte, ou conservés pendant quelques jours dans de bonnes conditions.

On choisira les œufs à coquille forte, car si elle est très poreuse, l'évaporation a lieu trop vite et le poussin en souffre.

On peut constater la fraîcheur de l'œuf par le mirage, en examinant la chambre à air, qui est d'autant plus grande que les œufs sont plus vieux. Elle atteint au maximum un diamètre de o m. 025, tandis que le premier jour de la ponte elle est à peine visible.

Les œufs destinés à l'incubation doivent être recueillis avec beaucoup de précautions.

Conservation. — Pour conserver les œufs destinés à être couvés, il faut les déposer dans une caisse, ou un meuble quelconque, sur un lit de sciure de bois bien sèche, ou de grain, et de manière à ce qu'il n'y ait pas de contact entre eux. On les retournera tous les jours pour éviter que le jaune ne vienne s'attacher après la coquille.

Lorsque les œufs ont été ainsi bien conservés, on peut les employer pour l'incubation après quinze à vingt jours. L'appareil à conserver doit être placé dans une pièce à température régulière, fraîche en été, douce en hiver. En général, la conservation est plus facile en hiver.

Transport. — Quand on est obligé de transporter des œufs destinés à l'incubation, ils seront emballés avec beaucoup de précautions et on évitera, autant que possible, les fortes secousses.

Après le transport, surtout si le voyage est un peu long, on doit les laisser au repos pendant un jour ou deux.

Lavage. — Il est bon de tremper les œufs, avant de les mettre à incuber, dans une eau douce, pour les laver s'ils sont sales, afin que les corps étrangers ne puissent obstruer les pores de la coquille, et avoir la précaution de les essuyer convenablement et de suite.

Couvées précoces. — Les couvées précoces, celles que l'on fait en janvier et février, présentent plusieurs avantages importants :

1° D'avoir des poulettes précoces qui pondent l'hiver suivant;

2° Les poules qui proviennent de ces couvées sont les meilleures pondeuses;

3° Les poulets deviennent plus beaux et se vendent plus chers, étant encore rares en été.

Si on n'a pas de poules couveuses à cette saison, on peut toujours avoir recours à la couveuse et à l'éleveuse artificielles; avec quelques précautions et une bonne nourriture, on arrive assez facilement à élever les poussins.

Couvées tardives. — Les couvées tardives, celles que l'on fait à partir de juin jusqu'au mois de septembre, n'offrent que l'avantage d'avoir des poulets bons à consommer à la fin de l'hiver et au printemps, époque où ils se vendent également cher. Ils sont, à cette saison, plus tendres que les poulets précoces, qui commencent à devenir un peu vieux et rares.

Le couvoir. — Comme nous l'avons déjà dit, une partie séparée du poulailler doit être affectée à l'incubation. Quelquefois on installe le couvoir dans un local spécial. Cette pièce, plus ou moins vaste, doit être située à une exposition chaude et facile à aérer. Là, on installe des couveuses naturelles ou artificielles de la façon la plus convenable. Le sol doit être recouvert d'une couche de sable. Si la température est chaude et très sèche, on arrose légèrement. En un mot, il faut que le couvoir réunisse toutes les conditions nécessaires pour que les couvées précoces, celles de l'hiver, puissent réussir facilement.

L'incubation peut se faire de deux manières :

1° Naturellement, par les poules, dindes, etc.;

2° Artificiellement, au moyen de couveuses artificielles.

INCUBATION NATURELLE

Choix de la poule. — Le choix de la couveuse est assez important. On doit la prendre de préférence parmi les poules adultes, de 18 mois à 3 ans, celles qui présentent le caractère le plus doux. La race influe beaucoup sur l'aptitude des poules à couver.

Signe. — La poule qui veut couver fait entendre un cri particulier appelé *gloussement*. Elle tient ordinairement les ailes écartées et reste sur le nid.

Installation. — La poule couveuse est installée soit dans le couvoir ou, à défaut, dans un endroit quelconque, mais isolé. On lui donne comme nid une boîte ou un panier. On place au fond une couche de paille douce, bien brisée. Une demi-obscurité est préférable à une grande lumière.

Nombre de couveuses. — Il est, en général, avantageux de mettre plusieurs poules à couver le même jour ou à peu d'intervalle. De cette façon, si l'une d'elle manque, en partie, sa couvée, on peut donner ses poussins à une autre poule. Si elle n'est pas fatiguée et si elle est bonne couveuse, on peut la faire couver une seconde fois.

Nombre d'œufs. — Il faut proportionner le nombre d'œufs au volume de la couveuse. Une trop grande quantité compromettrait le succès de l'opération. A une grosse poule, Cochinchinoise, Brahma, Langshan, etc., on peut donner 16 à 18 œufs; à une belle poule, 13 à 15, et à une petite, 8 à 12.

Choix des œufs. — Nous l'avons déjà dit, on devra prendre, pour mettre à couver, des œufs aussi frais que possible. Il faut, en outre, les choisir à peu près de même grosseur et de même race. Des œufs de races différentes mélangés pourraient produire des éclosions très irrégulières. Si cependant on était obligé de faire ce mélange et si les éclosions se prolongeaient trop, il faudrait enlever les poussins et leur donner des soins minutieux et particuliers jusqu'à la fin de l'éclosion.

Soins à donner aux couveuses. — Les poules couveuses exigent certains soins. Il faut les faire manger une ou deux fois par jour, toujours à la même heure. Le repas dure environ 10 à 15 minutes. Pendant qu'elles mangent, elles prennent également un peu d'exercice, nécessaire à leurs membres engourdis par l'immobilité. On ne doit pas laisser la nourriture en permanence, mais l'apporter aux heures des repas.

Quand la température est fraîche, on recouvre les œufs avec une étoffe de laine, pendant l'absence de la poule.

S'il arrivait un accident quelconque, œufs cassés, pourris, nid sali, etc., il faudrait laver légèrement les œufs avec de l'eau tiède et nettoyer le nid, en renouvelant la paille.

Pendant les deux derniers jours, c'est-à-dire au moment des éclosions, les poules doivent être laissées dans un repos absolu.

Quelquefois les couveuses sont très échauffées et

Fig. 4.

éprouvent de la peine à fienter. Dans ce cas, il faut leur donner une alimentation rafraîchissante, du son mouillé, de la verdure, salade, oseille, épinards, etc.

Durée de l'incubation. — L'incubation des œufs de poule dure de 19 à 21 jours, selon la température, l'assiduité de la couveuse et la fraîcheur des œufs. Les plus frais éclosent les premiers.

Mirage des œufs. — Après 6 à 7 jours d'incubation, il faut mirer les œufs pour enlever ceux qui sont clairs et les empêcher de se corrompre. Le mirage peut se faire en prenant l'œuf de la main droite, le gros bout en haut, en le présentant à une lumière, lampe ou soleil, et en faisant avec la main gauche une sorte d'abat-jour.

Il existe aussi divers appareils spéciaux pour mirer les œufs (fig. 4). Ils sont composés de disques avec réflecteurs juxtaposés sur des lampes à miroir.

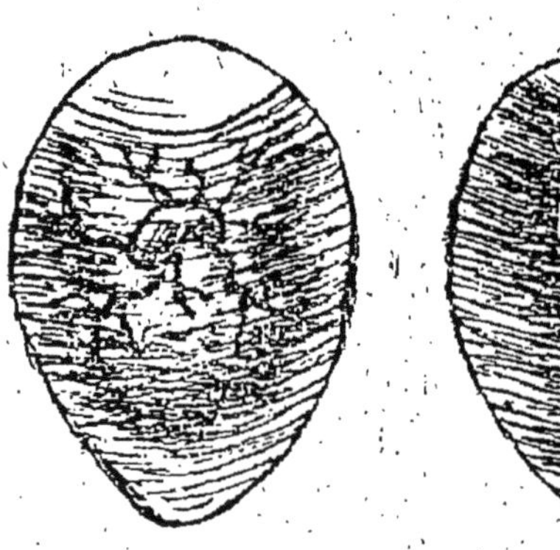

Fig. 5.　　　　　　Fig. 6.

Embryon. — Après 6 à 7 jours d'incubation, l'embryon est formé et ressemble un peu à une araignée. Il est composé de filaments sanguins se dirigeant dans tous les sens. La tête est représentée par un point noir (fig. 5). L'œuf non fécondé est pur, transparent, sans aucune tache, et le jaune se balance (fig. 6).

Les œufs *faux-germes* sont représentés par un point noir, sans filaments sanguins, ou par un cercle de sang irrégulier, sans aucun point (fig. 7).

L'embryon bien vivant et vigoureux, se balance dans tous les sens à mesure qu'on remue l'œuf. A partir du dixième jour, le poulet se forme rapidement.

Seconde couvée. — Lorsqu'une poule ne paraît pas fatiguée d'une première couvée, on peut lui retirer ses poussins et la faire couver une seconde fois. Le cas se présente assez fréquemment chez les

Fig. 7.

bonnes couveuses. Pendant la seconde couvée elle doit être soumise à un régime très rafraîchissant.

Incubation par une dinde. — L'incubation des œufs de poules par une dinde présente certains avantages :

1° La dinde, étant beaucoup plus grosse, peut couver une plus grande quantité d'œufs, de 23 à 30, selon sa grosseur et celle des œufs ;

2° Comme l'incubation des œufs de la dinde dure ordinairement 30 jours, on peut faire couver deux fois des œufs de poules, sans fatiguer la bête,

On installe et on soigne la dinde comme la poule. Elle est en général très bonne mère et affectionne ses poussins.

ÉCLOSION

Les éclosions commencent à partir du dix-neuvième jour d'incubation et se prolongent jusqu'au vingt-et-unième ; il peut donc y avoir un écart de 24 ou 48 heures entre le premier et le dernier poussin. Le moment de l'éclosion arrivé, le poussin perce la coquille, il *bêche*, pour sortir. Il arrive quelquefois qu'il ne peut faire ce travail, il faut alors l'aider, mais cette intervention demande une grande habitude et beaucoup de précautions. Assez souvent, après avoir percé la coquille, le poussin éprouve des difficultés à s'en débarrasser, car elle reste adhérente. On peut, dans ce cas, la décoller, mais avec beaucoup de soins.

En général, il ne faut toucher aux œufs que le moins possible au moment de l'éclosion ; presque toujours l'intervention de l'homme est funeste aux poussins.

Dans tous les cas, la couvée doit être laissée absolument tranquille la première journée. Quelquefois la poule quitte son nid avec ses premiers poussins éclos, abandonnant le reste des œufs. Pour éviter cela on enlèvera les premiers nés et on les placera dans un panier ou une caisse garni de plumes, déposé dans un endroit sec et chaud.

ÉLEVAGE NATUREL

Soins à donner aux poussins. — Les poussins

peuvent rester environ 24 heures sans nourriture. Il faut éviter de les laisser courir avec la mère les premiers jours, de crainte d'accidents.

Boîtes d'élevage. — Pour empêcher la poule de s'éloigner on l'enferme souvent sous une mue en osier dont les barreaux sont assez espacés pour que les poussins puissent entrer et sortir facilement. La boîte d'élevage (fig. 8) est préférable à la mue. La plus simple consiste en une cabane quelconque com-

Fig. 8.

posée de deux compartiments. L'un complètement clos, mais à claire-voie d'un ou de deux côtés, dans lequel on dépose la mère, et l'autre complètement ouvert d'un côté, formant une sorte de petit hangar sous lequel les poussins peuvent se réfugier et où on dépose leur nourriture. Les barreaux du compartiment de la poule doivent être assez espacés pour donner passage aux poussins.

A la fin de l'hiver et en mars, il faut placer les boîtes d'élevage dans un endroit très sain, à l'abri du nord. Plus tard, tout en les exposant aussi au

midi; il faudra rechercher une place ombragée un
peu fraîche et un terrain gazonné. Il est nécessaire
d'entourer les cabanes de sable fin, pour que les
poussins puissent se rouler et se poudrer.

INCUBATION ARTIFICIELLE

L'incubation artificielle, dont les premiers essais
remontent à une époque éloignée, présente plusieurs avantages :

1° Elle permet de ne posséder que des races de
poules très bonnes pondeuses, mauvaises couveuses
et d'avoir ainsi une plus grande quantité d'œufs;

2° Avec les couveuses artificielles, on peut faire
des couvées d'hiver qui produisent des poulets précoces à une saison où ils sont encore rares et se
vendent cher;

3° Quand on sait la mener à bien, l'incubation
artificielle donne en général une plus forte proportion de poussins que les poules.

Installation. — La couveuse artificielle doit être
installée dans une pièce spéciale, un rez-de-chaus-
sée un peu sombre, mais aérée, sans courant d'air
toutefois, et saine.

A la saison froide on peut la chauffer, pourvu que
la température soit toujours régulière et la couveuse
éloignée du foyer. Enfin elle doit être à l'abri des
changements brusques de température.

Conditions de succès. — Nous ne citerons que les
principales :

1° La qualité des œufs, leur fraîcheur, leur bonne
conservation;

2° Le choix du local et la bonne installation des appareils ;

3° Le bon entretien et le fonctionnement des appareils ;

4° Les soins à donner aux œufs, etc.

La couveuse doit être posée sur un objet quelconque de manière qu'elle se trouve à o.3o cm. ou o.4o cm. au-dessus du sol, si elle ne possède pas de pieds.

Température. — Quel que soit le système de couveuse adopté, il faut que les œufs se trouvent, pendant toute la durée d'incubation, dans un milieu ayant de 39 à 41 degrés centigrades.

Les Couveuses artificielles. — Il existe un grand nombre de couveuses artificielles de différents systèmes. Une des plus répandues est la couveuse hydro-incubateur à réservoir cubique de M. *Roullier-Arnoult,* de Gambais (Seine-et-Oise).

Le directeur de l'école d'Aviculture de Gambais a été l'un des principaux et des premiers propagateurs des couveuses artificielles. L'établissement construit un grand nombre de couveuses perfectionnées de différents systèmes et tous les appareils que nécessite l'élevage artificiel.

Pour la chauffer, on introduit de l'eau chaude (8o degrés, ce qui produit à l'intérieur 39 à 41 degrés). On peut entretenir cette chaleur de plusieurs manières :

1° En retirant deux fois par jour une partie de l'eau et en ajoutant de l'eau bouillante ;

2° Au moyen d'une lampe ou à l'aide d'un thermo-siphon ;

3° Enfin à l'aide d'une briquette spéciale en charbon aggloméré.

Le renouvellement de l'eau et l'emploi de la briquette sont les systèmes qui donnent les meilleurs résultats.

Lorsque la couveuse est bien réglée, la température se maintient invariablement entre 39 et 41 degrés centigrades.

En ce qui concerne les diverses manipulations, elles sont indiquées dans les instructions qui accompagnent les appareils.

Il existe aussi divers systèmes de couveuses à air chaud. Le chauffage se fait au moyen de lampes.

L'air étant indispensable à la vie de l'embryon, il faut que, dans une couveuse artificielle, l'aération ait lieu d'une façon suffisante et constante.

Soins pendant l'incubation. — Les œufs ne doivent être installés dans la couveuse que quand on se sera assuré quelle est parfaitement réglée et fonctionne bien. On les place régulièrement, très rapprochés, dans le ou les tiroirs de l'incubateur. Immédiatement après on constate au thermomètre un abaissement de température, mais qui revient au degré voulu au bout de quelques heures.

Les œufs doivent être retournés deux fois par jour, toutes les 12 heures, pour qu'ils soient suffisamment aérés et régulièrement chauffés. Ceux qui restent dans une immobilité complète n'éclosent pas ou produisent de mauvais poussins. Le thermomètre doit être placé au niveau supérieur des œufs et non au fond. La poule ne communique sa chaleur (40 degrés environ) que sur la partie des œufs qui la touche. Au fond du nid la température n'est que de 36 à 38 degrés centigrades.

L'humidité est également indispensable à la vie de l'embryon. Dans les bonnes couveuses elle se produit par une aération suffisante.

Mirage. — On mire les œufs de 6 à 8 jours après avoir été mis dans l'appareil.

Comme nous l'avons déjà dit, cette opération se fait soit à la main, soit au moyen d'appareils spéciaux. Tous les œufs clairs et les faux germés, embryons morts, doivent être enlevés. Il ne faut pas remplacer les œufs retirés. Pendant les derniers jours de l'incubation, les soins et la surveillance doivent être encore plus assidus.

Éclosions. — A partir du dix-neuvième jour les premiers poussins éclosent. Les éclosions durent jusqu'au vingt-et-unième jour et ont lieu de la même façon que dans les conditions naturelles.

ELEVAGE ARTIFICIEL DES POUSSINS

Premiers soins. — Au moment où on ouvre l'incubateur, matin et soir, on retire les poussins éclos.

Sécheuse. — La plupart des couveuses artificielles sont munies, à leur partie supérieure, d'une sécheuse. Dès que les poussins sont retirés du tiroir d'incubation ils doivent être déposés, pendant douze heures environ, dans cette sécheuse ou dans tout autre appareil de ce genre. La température que doit présenter une sécheuse varie selon la saison et le nombre de poussins. Elle doit être, en général, de 22 à 26 degrés centigrades. Pendant leur séjour dans la sécheuse il est nécessaire de sortir les poussins de temps en temps pour leur faire prendre l'air.

Eleveuse. — Lorsque les poussins sont bien secs et quittent la sécheuse, ils doivent être déposés dans une *éleveuse artificielle* ou *hydro-mère*. Selon la saison, ils restent dans cet appareil pendant un mois à six semaines. L'éleveuse est chauffée au moyen d'un réservoir d'eau chaude. Mais il en existe de différents autres systèmes, des éleveuses à chaufferette, chauffées au moyen d'une briquette de charbon aggloméré; quelques-unes sont munies d'une lampe.

La température qui doit régner dans l'éleveuse varie selon le nombre de poussins et la saison.

Autour de l'appareil on place un parc dans lequel les poussins se promènent et prennent leur repas. Ce parc peut être en bois ou en grillage. Quelquefois on le couvre au moyen d'un vitrage.

Les éleveuses varient beaucoup dans leur construction et leur aménagement intérieur.

Local d'élevage. — Pendant la belle saison, on peut placer l'éleveuse en plein air, dans un endroit bien abrité, exposé au midi. Mais, lorsqu'il s'agit de couvées précoces, en hiver, ou au commencement du printemps, l'appareil doit être déposé dans un local, bien abrité, parfaitement sain, exposé au midi et chauffé de manière à obtenir une température d'environ 15 à 20 degrés centigrades. La salle d'élevage a une importance capitale lorsqu'il s'agit d'une basse-cour relativement considérable.

Au printemps, on peut se passer de cette salle en employant l'éleveuse avec parc couvert par un vitrage, sorte de serre. La température est une des questions les plus importantes au point de vue du succès de l'élevage artificiel.

Quelques jours avant de sortir les poussins de la salle d'élevage, il faut avoir la précaution de diminuer progressivement et lentement la température, pour éviter les effets, souvent funestes, des brusques changements. Ils quittent cette salle à un âge qui varie selon la température extérieure.

Disons aussi que les éleveuses et locaux d'élevage doivent être tenus très proprement.

CHAPITRE IV

Nourriture des poules. — Nourriture des poussins

Appareils. — Le matériel nécessaire à la nourriture des poussins consiste en *billots, augettes* et *abreuvoirs*.

Les billots (fig. 9) sont des appareils fort simples, sur lesquels on place la pâtée. Les poussins sont obligés alors de se hausser pour manger et ne peuvent se salir. La nourriture est ainsi toujours propre.

On emploie des augettes pour déposer les grains et les divers aliments qui ne tiennent pas sur le billot.

Pour donner à boire aux poussins il faut se servir

d'abreuvoirs. Ces derniers affectent différentes formes et dimensions.

Aliments. — Les poussins doivent toujours avoir à leur disposition une nourriture abondante et de bonne qualité.

Pâtées. — La première nourriture des poussins, pendant six semaines à deux mois et demi environ, se compose de pâtées diverses. Vers le huitième jour

Fig. 9.

on peut commencer à leur donner aussi quelques petits grains. Voici la composition de quelques pâtées, par ordre d'âge des poussins :

1° Œufs durs hachés et pain rassis émietté, le tout délayé dans un peu de lait. Cette nourriture devient assez coûteuse lorsqu'on a une assez grande quantité de poussins.

On peut la remplacer par la pâtée suivante :

Farine d'orge ou de maïs délayée dans du petit lait ou du lait caillé cuit, ou bien :

Croûtes de pain trempées et mélangées avec de la farine de viande et un peu de verdure.

2° Aux pâtées ci-dessus décrites on peut ajouter, quelques jours après, des brisures de riz ou un peu de millet.

On peut aussi fabriquer une pâtée composée de pommes de terre cuites et écrasées, mêlées à du son ou de la farine et du sang en poudre ou de la farine de poisson.

3° Vers l'âge de trois semaines on peut donner aux poussins une pâtée faite avec du riz, de l'orge, des débris de viande, le tout cuit, haché, et bien mélangé.

A partir de l'âge de un mois jusqu'à deux mois ou deux mois et demi on continue à donner des pâtées auxquelles il est bon d'ajouter quelques grains concassés, avoine, sarrasin. Avec les pâtées on distribue des grains, millet, chanvre, etc. A partir de l'âge de six semaines environ on supprime les billots et on dépose la nourriture dans les augettes.

Grains. — Nous venons de voir qu'avec les pâtées on donne aux poussins, selon leur âge, du millet, du riz, de l'avoine, du sarrasin, etc., ces deux derniers concassés. A partir de l'âge de trois mois ils consomment tous les grains sans être brisés.

Verdure. — La verdure est nécessaire aux poussins. Quand ils se promènent ils consomment de l'herbe et diverses autres verdures. On peut aussi leur donner des choux, du cresson alénois, des chicorées, de la scarole, et autres.

Repas. — Les repas doivent être distribués à des

heures régulières et le régime sera aussi varié que possible.

Vente des poulets — Avec le régime que nous venons d'indiquer, pâtées et grains, les poulets précoces peuvent être vendus à partir de l'âge de trois mois ou trois mois et demi. Les poulets de cet âge des races Faverolles, Houdan, la Flèche, etc., peuvent atteindre un poids vif de 1 kil. à 1 kil. 200, sans être engraissés.

Boisson. — On donne aux poussins comme boisson de l'eau. Mais il est préférable d'y ajouter un peu de lait.

NOURRITURE DES VOLAILLES ADULTES

Les poules sont granivores, insectivores et herbivores. Il leur faut donc une nourriture végétale et animale à la fois. On doit leur donner une alimentation capable de produire le maximum d'effets, au point de vue de la production et qui réunisse les trois conditions suivantes : 1° Valeur nutritive élevée; 2° variété; 3° digestion facile.

Les matières azotées et les matières grasses constituent des aliments nutritifs par excellence, les amidons et fécules produisent de la graisse. Les substances féculentes jouent, par le fait, un rôle important dans l'engraissement des volailles.

Ration. — La quantité de nourriture à donner par jour à une poule varie suivant un certain nombre de circonstances et surtout : 1° *Suivant la race; 2° la qualité de la nourriture; 3° selon que les poules sont en liberté ou tenues au parquet.*

Les poules en liberté picorant toute la journée et

trouvant toujours quelque chose à manger, exigent moins de nourriture que celles qui sont enfermées dans une cour.

Il est difficile de donner à ce sujet des chiffres exacts, car la quantité d'aliments à distribuer est très variable.

Avec peu de nourriture les poules maigrissent et pondent peu. Avec trop elles engraissent et pondent également peu. Ce n'est que l'expérience qui peut fixer l'éleveur sur la ration.

Distribution. — Les repas doivent être réguliers. Leur nombre varie de deux à quatre par jour selon les circonstances.

Les principaux aliments qu'on peut donner aux poules sont les suivants :

Nourriture végétale et grains. — Les poules consomment en général tous les grains, et surtout : le sarrasin, le maïs, l'orge, l'avoine et le blé. Le sarrasin et l'avoine favorisent la ponte.

Quand on donne aux poules des déchets de grains, criblures, etc., il faut tenir compte de la qualité inférieure de cette nourriture et augmenter la ration. La bonne nourriture est souvent la plus économique.

La cuisson de ces divers grains augmente leur digestibilité et produit de bons résultats surtout dans l'engraissement.

On peut aussi donner aux poules diverses graines : Le chènevis, qui les dispose à pondre et à couver, mais il est très échauffant et il ne sera distribué qu'avec prudence ; diverses graines de légumineuses, pois, vesce, jarosse, lentilles, etc. ; du millet, du moha ; des marcs de raisin, de pommes, et divers autres.

Racines. — Les diverses racines, pommes de terre, betteraves, rutabagas, topinambours, etc., constituent une très bonne nourriture pour les poules. On les donne crues et coupées en très petits morceaux, ou mieux encore cuites. Les racines sont, pour la plupart, des aliments rafraîchissants. Les pommes de terre cuites sont employées avec succès dans l'engraissement.

Sons et farines. — Le son des divers grains, et surtout celui du blé, ainsi que les farines, principalement celles de maïs, d'orge, de sarrasin, d'avoine, de féverolles, etc., servent à la confection des pâtées, qui sont très employées à la nourriture et à l'engraissement des volailles.

Tourteaux. — Les tourteaux qui sont des aliments riches en matières azotées et grasses, constituent une très bonne alimentation pour les poules, auxquelles on donne surtout ceux de lin, de noix, etc.

Divers résidus. — Nous avons déjà vu qu'on peut donner aux poules les marcs de raisin et de pommes. D'autres résidus ou débris végétaux peuvent encore servir d'aliments, les fruits, les touraillons (résidus de brasserie), et autres.

Herbages. — Il est indispensable de donner aux poules, surtout à celles qui sont en captivité et soumises à une nourriture substantielle, divers herbages, pour les rafraîchir. Par ce moyen, on évite souvent des maladies. Ces herbages sont fournis soit par des cultures spéciales, soit par divers débris qu'on peut, dans certains cas, se procurer assez facilement.

Dans cette catégorie d'aliments nous citerons

surtout : les *choux*, les *salades*, laitue, chicorée et principalement la chicorée sauvage, l'*oseille*, les *épinards*, etc. On peut aussi leur donner diverses herbes de jardin provenant des sarclages.

Pâtées. — Les pâtées constituent une très bonne alimentation pour les poules. Elles peuvent être fabriquées avec divers aliments : des sons, diverses farines, du riz, des pommes de terre, du pain, des tourteaux, du lait caillé, du lait cuit, et autres. Elles jouent un rôle important dans l'engraissement.

Nourriture animale. — Les matières animales sont indispensables aux poules. Il est facile de les leur donner sous diverses formes. Elles en sont en général, très avides. L'azote est l'élément qui produit chez les volailles le développement le plus rapide et le plus grand. Cette nourriture leur est donc très nécessaire et on peut la leur donner :

1° Sous forme d'*insectes* de toutes les sortes ;

2° De vers de terre, asticots et de vers de différentes espèces ;

3° De débris de viandes de toutes sortes ;

4° De sang, divers résidus animaux et débris de toutes catégories ;

5° De poudre de viande fabriquée spécialement pour les volailles ;

6° De farine de poisson, etc.

Les débris de viande, les résidus d'animaux et autres, sont donnés à l'état cru et coupés en petits morceaux.

On peut se procurer souvent le sang très économiquement ; c'est une nourriture riche. On le cuit de différentes manières et on doit le donner aux poules sous forme de poudre un peu grosse, mais non en morceaux.

La farine de poisson, qui est aussi un aliment riche, est fabriquée, en général, avec les résidus de conserves de poissons.

Phosphate de chaux. — On donne quelquefois aux jeunes volailles du phosphate de chaux pour favoriser leur développement, ce principe étant indispensable à la formation du squeletté.

Lorsque les volailles consomment de la farine de poisson, l'emploi du phosphate de chaux devient inutile.

CHAPITRE V

Ejointage. — Chaponnage. — Poulardes

Ejointage. — L'éjointage est une opération qui consiste à amputer l'extrémité de l'aile pour empêcher les volailles de voler. On doit éviter de la pratiquer pendant les grandes chaleurs, ce qui pourrait amener des accidents. Il est préférable d'éjointer les animaux quand ils sont jeunes, la 1" année. On enlève brusquement, avec un instrument tranchant, le métacarpien, sans toucher au pouce.

Il faut choisir autant que possible, pour pratiquer l'éjointage, un temps frais et sec.

Castration ou chaponnage. — Les jeunes coqs

auxquels on pratique la castration, prennent le nom de *chapons*.

Cette opération n'est pas indispensable lorsqu'on engraisse les poulets jeunes. Les avantages qu'elle présente sont les suivants :

1° Les coqs prennent un peu plus de développement, leur chair est plus fine et l'engraissement est plus facile;

2° On peut laisser, sans aucun inconvénient, les coqs neutres ou chapons, dans la basse-cour parmi les poules.

La castration se pratique, en général, lorsque les jeunes coqs sont âgés de 4 mois environ, et de plusieurs manières :

1° En extirpant les testicules par l'anus;

2° En enlevant également ces organes avec des pinces et à l'aide d'une incision faite à l'extérieur, entre les deux dernières côtes. On ferme la plaie en cousant avec du fil ciré. On doit tenir la peau soulevée. On lave ensuite à l'eau antiseptisée (phéniquée ordinairement) et on saupoudre de fleur de soufre.

Il est préférable d'opérer le matin lorsque les animaux sont à jeun. On isole les animaux et on les met à la diète.

Si on s'aperçoit par la suite que la plaie est enflammée, il faut la laver avec de l'eau tiède et une petite éponge ou un linge doux. On peut la frotter de temps en temps avec un peu de pommade antiseptique.

Poulardes. — On appelle *poulardes* les jeunes poules engraissées avant d'avoir pondu; mais il n'est nullement nécessaire qu'une poule soit castrée pour être une poularde. La castration ne se pratique pas en général sur les femelles. On produit de très belles poulardes avec les races de la Flèche, du Mans, de la Bresse, Houdan, Faverolles, etc.

CHAPITRE VI

Engraissement

L'engraissement est une opération très importante, tant au point de vue de la consommation que de la vente des volailles. Il peut se faire de différentes façons :

1° L'engraissement ordinaire ;

2° L'engraissement dans les épinettes ;

3° L'engraissement mécanique au moyen de gaveuses, et à l'entonnoir.

Engraissement ordinaire.— Dans ce cas, on laisse généralement les volailles libres et on leur donne un supplément de nourriture deux ou trois fois par jour. Par ce procédé, on ne parvient qu'à mettre les animaux en bon état, mais il est difficile de les engraisser convenablement. Il est préférable de les enfermer dans un petit local spécial où ils sont fortement nourris.

Engraissement dans les épinettes. — L'épinette est une espèce de cage ordinairement en bois, plus ou moins longue selon le nombre de volailles. Chacune d'elles occupe une case.

Par devant se trouve un grillage qui permet à l'animal de sortir sa tête pour manger et boire.

Engraissement à la gaveuse mécanique. — La gaveuse est un instrument qui se compose d'un bâti

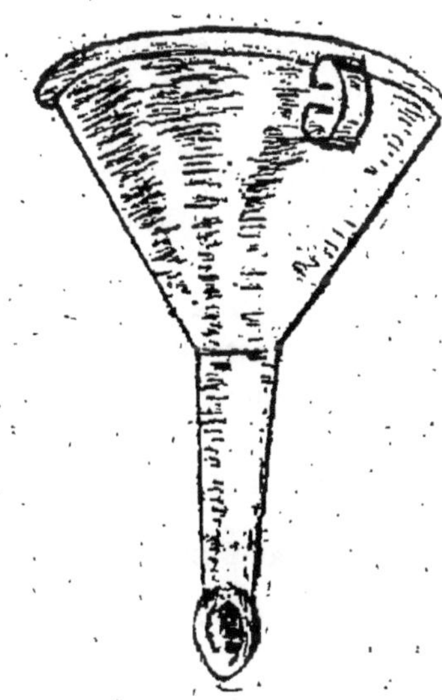

Fig. 10.

en bois surmonté d'un réservoir cylindrique destiné à recevoir la pâtée d'engraissement. Ce réservoir muni d'un fouloir, mu par une pédale, projette la pâtée dans le jabot de la volaille au moyen d'un tube en caoutchouc situé à la partie inférieure. Son extrémité est introduite dans le bec de l'animal. La présence de deux personnes est nécessaire pour gaver rapidement. Ce système est le plus pratique et le plus économique dans les établissements d'aviculture d'une certaine importance.

Engraissement à l'entonnoir. — On se sert dans ce cas d'un entonnoir (fig. 10) ressemblant beaucoup à l'entonnoir ordinaire, mais coupé en sifflet à la partie inférieure, le plus souvent garni en caoutchouc pour ne pas blesser les animaux. On introduit le tube de l'entonnoir dans le cou des volailles et on fait descendre la nourriture, grain où pâtée, qui se trouve dans l'appareil.

Pour gaver à l'entonnoir, l'opérateur assis, tient la volaille entre les jambes, maintient la tête de la main gauche en ouvrant le bec avec les doigts, de la main droite il verse le grain ou la pâtée qui descend dans le jabot. On peut faciliter la descente des aliments en les poussant, légèrement, le long du cou, avec le pouce et l'index.

On peut aussi gaver à la main sans entonnoir.

NOURRITURE D'ENGRAISSEMENT

On donne aux volailles à l'engrais diverses nourritures :

Grains. — Les meilleurs grains pour l'engraissement sont le blé, le sarrasin et surtout le maïs ; ce dernier joue un très grand rôle dans l'engraissement des volailles, dans le Sud-Ouest.

Pâtées. — Les pâtées constituent la principale nourriture d'engraissement. Elles sont fabriquées de différentes manières, avec du son, des farines, des pommes de terre, et diverses autres matières. On y ajoute souvent de la poudre de viande ou de poisson et de la verdure. Le tout est délayée dans un peu d'eau ou mieux encore dans du lait. La pâtée doit être d'une consistance moyenne.

Les farines les plus employées sont celles de blé, d'orge, de maïs, de sarrasin et de fèverolles.

Engraissement au moyen de pâtons. — Les pâtons sont fait avec une pâte qu'on roule en forme de petits cylindres, ayant 0 m. 05 à 0 m. 06 de longueur. Cette pâte doit être un peu dure. On la fabrique avec des farines de blé, sarrasin, orge ou maïs, délayées dans du lait. On introduit les pâtons dans l'estomac de la volaille tenue de la même manière que dans l'engraissement à l'entonnoir, après les avoir trempés vivement dans l'eau ou du lait. On fait glisser le pâton dans le cou avec le pouce et l'index.

Le pâtonnement doit augmenter progressivement. Dans le début, on ne remplit pas complètement le jabot, et au bout d'un certain temps on arrive à donner de 15 à 25 pâtons par jour selon leur grosseur et celle de la volaille.

Ce système d'engraissement donne généralement les plus beaux animaux, les plus gras et les plus fins.

Repas. — Les repas doivent être réguliers et au nombre de deux par jour.

Durée de l'engraissement. — La durée de l'engraissement varie beaucoup : 1° Selon les races ; 2° l'âge des animaux ; 3° la quantité et la qualité des aliments. Cette durée peut être estimée en moyenne de 18 à 30 jours.

Quand on commence l'engraissement il ne faut pas que les volailles soient d'une extrême maigreur.

Boisson. — Lorsque l'engraissement se fait avec des grains il faut donner à boire aux volailles.

Augmentation de poids. — L'augmentation produite par l'engraissement varie suivant : 1° La race; 2° l'âge des animaux; 3° la nourriture, etc., de 0 kil. 600 grammes à 1 kil. 200 grammes dans les conditions moyennes.

Un bon poulet de 6 à 7 mois des races de Faverolles, Houdan, La Flèche, Crèvecœur et autres, bien engraissé, peut peser de 1 kil. 750 à 2 kil. en moyenne (poids mort).

Soins pendant l'engraissement. — La personne qui pratique l'engraissement fera preuve d'une grande patience. Les animaux ne doivent jamais être brusqués et encore moins maltraités. Souvent la bête à l'engrais ne digère pas bien et les aliments fermentent dans le jabot. Il faut alors cesser toute alimentation jusqu'à ce que l'estomac soit dégagé. Si l'accident se renouvelle il faut tuer la volaille.

Les locaux où sont logés les animaux seront tenus très propres. Il est préférable d'y maintenir une demi-obscurité.

Pour stimuler l'appétit. — Il arrive quelquefois que les animaux à l'engrais ne mangent pas très bien. Il faut, dans ce cas, stimuler leur appétit en variant les aliments. Souvent les pâtées faites avec du lait un peu aigre sont mieux consommées par les volailles. Quand elles mangent seules, il faut leur donner peu de nourriture à la fois.

Engraissement des poulets. — On peut commencer à engraisser les poulets à partir de l'âge de 3 mois 1/2 à 4 mois, un peu plus tard pour les races communes. Les poulets de ces dernières, surtout ceux qui vivent au hasard dans les cours, ne peuvent être engraissés convenablement. Ils sont toujours de qualité inférieure.

Engraissement des bêtes adultes. — On peut engraisser facilement les volailles adultes si elles ne sont pas vieilles. Les poules de plus de deux ans, qui ont pondu, engraissent mal et sont toujours dures. Les coqs sont encore plus coriaces et beaucoup plus difficiles à engraisser.

CHAPITRE VII

Sacrifice. — Préparation. — Emballage. — Transport. — Commerce des volailles.

Sacrifice. — Il existe plusieurs manières de tuer une volaille. Mais, quel que soit le système adopté, il faut toujours se munir d'instruments coupant bien pour éviter de faire souffrir la bête et la bien saigner pour quelle rende tout son sang et que sa chair soit blanchâtre.

Avant de la tuer, il est bon de la faire jeûner pendant 12 à 20 heures et de lui donner à boire quelques gorgées de lait pour faire blanchir la chair et dégager les intestins.

Préparation. — La volaille doit être vidée aussitôt tuée. Cette opération se fait ordinairement en tirant les intestins avec le doigt par le cloaque. Le vidage facilite la conservation. On doit laisser dans l'abdomen le foie et le gésier.

Quand les volailles sont destinées à être vendues, on remplit le vide produit par l'enlèvement des intestins avec une matière quelconque, surtout du papier gris ; l'animal conserve ainsi sa forme.

Dès que la bête a été tuée, on procédera au plumage, qui doit se faire pendant qu'elle est encore chaude et avec de grandes précautions pour ne pas l'écorcher, ce qui arrive facilement quand elle est jeune et bien grasse.

Après le plumage on trousse la volaille. Cette dernière opération à son importance lorsque la bête est destinée à la vente ; elle a pour but de la redresser, de maintenir l'extrémité supérieure du fémur au niveau de l'épine dorsale, en lui donnant une forme carrée, ce qui la fait paraître plus grosse. Il faut une certaine habitude pour pratiquer le troussage.

Emballage. — On ne devra procéder à l'emballage des volailles que lorsqu'elles sont complètement froides.

L'emballage peut se faire de plusieurs manières. Dans tous les cas il est bon d'envelopper les animaux dans du papier propre. Si, dans la caisse ou panier on doit mettre plusieurs lits de volailles, chacun d'eux sera séparé par une couche de paille (la paille de seigle est celle qui convient le mieux).

Mais il est préférable, en général, de les placer en un seul lit, surtout lorsque la température est relativement chaude.

Transport. — Les volailles bien emballées peuvent supporter des voyages assez longs, surtout en hiver. A cette saison, lorsque le froid est intense on les préserve de la gelée.

Quelquefois les volailles sont vendues vivantes. Dans ce cas on les transporte dans des cages, en garnissant le fond d'une couche de paille pour éviter des blessures. Ce mode d'expédition présente quelques avantages au moment des grandes chaleurs.

Commerce. — Les volailles grasses et de bonne qualité sont toujours d'une vente facile sur les marchés ou aux halles des grandes villes. Souvent les producteurs trouvent des placements avantageux chez les particuliers, les hôtels, restaurants, les commerçants, cte.

Ici, comme dans beaucoup de cas, la suppression des intermédiaires est une bonne chose.

Leur prix varie : 1° Suivant la saison ; 2° l'état d'engraissement ; 3° la qualité ; 4° le poids, etc.

C'est ordinairement au printemps, depuis le mois de février jusqu'en juillet que la volaille atteint les plus hauts prix. La valeur moyenne à Paris d'un bon poulet ou d'une belle poularde, bien gras varie de 4 fr. à 6 fr. Les animaux de choix dépassent ces prix.

Les volailles trouvent toujours des débouchés faciles et rémunérateurs lorsqu'elles sont de bonne qualité.

Celles qui ne sont pas engraissées, mais jeunes, se vendent assez facilement.

CHAPITRE VIII

Divers produits des poules

Œufs. — Nous avons dit plus haut qu'une poule, bonne pondeuse, produit en moyenne de 130 à 180 œufs par an. On voit d'après cela que les œufs constituent un produit des plus importants et qui est susceptible de donner des bénéfices sérieux.

Le prix des œufs varie selon : 1° la saison ; 2° les localités.

C'est en automne et en hiver, à partir du mois d'octobre jusqu'au mois de février, qu'ils sont le plus cher. A Paris, ils se vendent à cette saison de 1 fr. 75 à 2 fr. 50 la douzaine et au printemps, été, de 0 fr. 90 à 1 fr. 40 la douzaine. Dans les villes de province les prix sont inférieurs.

Emballage, transport. — On emballe les œufs dans des caisses ou paniers entre des lits de paille.

Conservation. — Les œufs peuvent être conservés pendant un certain temps, de plusieurs manières : 1° déposés dans le son ; 2° dans le sable ; 3° dans l'eau de chaux, etc. L'essentiel est de les mettre dans un lieu frais et sec et, le plus possible, à l'abri de l'air. Il est préférable de prendre pour la conservation les œufs tardifs, ceux qui sont pondus à l'automne.

Plumes. — Bien que la plume des poules ne soit pas de très bonne qualité, elle a encore une certaine

valeur. Les plumes fines sont employées à la literie,
après les avoir fait sécher au four. Les plumes lon-
gues du cou et de la queue des coqs et chapons,
servent à la fabrication des plumeaux.

CHAPITRE IX

Maladies et ennemis des poules

Les poules sont sujettes à un certain nombre de
maladies. Elles ont également quelques ennemis. Les
principales causes qui produisent ces maladies sont :
1° Une mauvaise nourriture ; 2° une eau infecte ;
3° la malpropreté et l'insalubrité du poulailler ;
4° une trop grande agglomération, etc.

*Signes auxquels on reconnaît qu'une poule est ma-
lade.* — Une poule malade se reconnaît assez facilement à son aspect triste. Elle reste immobile, les plumes hérissées, sa crête devient pâle, elle traîne les ailes.

Les principales maladies des poules sont :

Diarrhée. — Elle est souvent occasionnée par une
nourriture trop aqueuse ou par une saison très plu-
vieuse. Il faut placer les animaux atteints dans un
local très sec et leur donner une nourriture sèche,
substantielle.

Constipation. — Elle atteint surtout les poules
enfermées, privées de nourriture végétale et principalement les couveuses. On doit donner une nour-

riture rafraîchissante, de la verdure, des breuvages nitrés et contenant de l'huile, des lavements émollients et introduire dans l'anus, avec une plume, une ou deux fois par jour, un peu d'huile d'olive.

Maladie du croupion. — Elle est caractérisée par une tumeur située au-dessus du croupion. La poule devient triste et constipée, ne mange pas. Il faut ouvrir cette tumeur avec un instrument tranchant, faire sortir par pression le pus, laver la plaie avec de l'eau vinaigrée ou salée et l'enduire de pommade camphrée, isoler la poule et lui donner une nourriture rafraîchissante.

Fracture. — Lorsqu'une poule se casse un membre, on l'enferme et on l'empêche de se percher. Une bonne nourriture est nécessaire. Le repos amène la guérison.

Plaies. — Les plaies provenant d'accidents ou de combats doivent être lavées avec un liquide antiseptique.

Goutte. — Elle est surtout due à l'humidité. Les pattes gonflent et la marche devient difficile. Il faut tuer les poules qui en sont atteintes.

Pustules. — Isoler les animaux atteints, car l'affection est contagieuse, frotter les endroits malades avec un corps gras antiseptique et donner une nourriture rafraîchissante.

Blanc ou gale des pattes. — Frictionner les membres avec du pétrole ou avec de la vaseline antiseptique.

Roupie. — C'est un écoulement d'humeur par les narines. Maladie contagieuse et presque incurable. Isoler l'animal dans un endroit chaud ; lui don-

ner des bains de vapeur et lui lotionner la tête avec
de l'eau sédative.

Sortie du rectum. — Cet accident arrive quelquefois après la ponte ou une constipation prolongée.
Laver la partie déplacée avec un liquide antiseptique et la faire rentrer avec précaution; placer la
poule dans un endroit obscur et l'empêcher de se
percher; nourriture rafraîchissante.

Ophtalmie. — Elle est caractérisée par un lar-
moiement abondant; les paupières sont presque
fermées et la tête très chaude. Lavage de la tête à
l'eau sédative; nourriture rafraîchissante, pâtées
chaudes, herbages cuits, lait, etc.

Toux. — L'animal atteint semble suffoquer, fait
entendre une toux sourde et sa respiration est très
gênée. Il faut lui administrer des décoctions amères.

Diphtérie. — Elle affecte différentes formes :

1° Elle se manifeste sous la forme d'une matière
coriace, espèce de peau jaunâtre sur la langue, c'est
la *pépie* proprement dite ;

2° Quand elle a son siège au fond du bec, on l'appelle *muguet* ou *chancre* ;

3° Quand cette affection attaque la gorge, la tra-
chée et les bronches, c'est le *croup des poules*.
L'animal tousse, ouvre le bec, respire difficilement
et meurt assez vite ;

4° Dans la cavité orbitaire, elle produit des tumeurs, les paupières se gonflent, l'œil devient gros
et pleure ;

5° La diphtérie attaque quelquefois le foie, l'animal dépérit lentement et progressivement, finit par
mourir. Cette forme, qui est épidémique, est grave;

6° Les intestins peuvent aussi être atteints. Il se produit alors de la diarrhée et un dépérissement relativement lent de l'animal, qui meurt au bout de quelque temps.

Mais c'est surtout la langue qui est le plus souvent attaquée chez les volailles, qui ont alors la *pépie*. Dans ce cas, l'animal ne mange pas et meurt assez vite.

Quelle que soit la forme de la diphtérie, cette maladie est toujours très grave et contagieuse.

Quand elle a son siège sur la langue, le bec et les yeux, on doit enlever avec une curette les membranes, et cautériser au nitrate d'argent ou à la poudre d'alun calciné ; on badigeonne ensuite au miel rosat additionné d'une pincée de fleur de soufre.

Dans tous les cas, il faut isoler les animaux atteints de la diphtérie.

Indigestion. — Dans ce cas, l'animal ne peut pas digérer, il est triste, ne mange plus, son haleine sent mauvais et son jabot est obstrué et dur. On doit laisser la bête en liberté et lui donner tous les jours une cuillerée à bouche d'eau un peu salée.

Ennemis. — Parmi les ennemis des poules nous citerons :

1° Certains animaux tels que le renard, la fouine, etc., qui pénètrent dans les poulaillers et qui font de grands dégâts. Il faut leur en défendre l'accès par de bonnes fermetures et pièges ;

2° Divers insectes, les poux et un certain nombre d'acariens couvrent assez souvent les poules. On les en débarrassera par des précautions hygiéniques, une grande propreté et l'emploi de poudres insecticides, antiseptiques.

LE DINDON

CHAPITRE PREMIER

Considérations générales

L'élevage du dindon est important dans certaines localités, surtout dans des contrées méridionales. Cet oiseau de basse-cour de l'ordre des *gallinacés* est plus délicat que la poule et demande des climats plus chauds et plus secs. Il redoute l'humidité et le froid.

Cet élevage n'est réellement avantageux que si on peut conduire les dindons dans les champs, car ils supportent encore moins que les poules la captivité.

Le dindon devient un animal rustique dès qu'il a passé la crise du rouge, qui constitue la péricde la plus critique de son existence.

Lorsqu'il est adulte, il n'aime plus à se coucher dans le poulailler et préfère se percher dehors. Il faut donc lui installer des perchoirs à l'air libre, mais dans un endroit abrité du froid et de la pluie.

Il devient alors plus rustique et sa chair est de meilleure qualité.

Variétés. — Il y a 3 variétés de dindons : 1° Le *blanc* ; 2° le *gris* ; 3° le *noir*. Ce dernier est l'espèce la plus répandue, la plus rustique et la plus *facile à engraisser.*

CHAPITRE II

Reproduction

Mâle. — Le mâle s'appelle *dindon*. Il est de caractère querelleur et assez méchant.

Femelle. — On appelle *dinde* la femelle. Elle est d'un caractère plus doux et plus sociable.

Choix des reproducteurs. — Le mâle doit être fort et vigoureux, la femelle douce et bonne mère.

PONTE

Les dindes pondent vers l'âge de 12 mois, au printemps. Elles cherchent presque toujours à cacher leurs œufs, et vont pondre dans les tas de paille, dans les haies, etc. Aussi, faut-il les habituer à coucher dans un local spécial, et le matin, empêcher de sortir celles qui doivent pondre, jusqu'à ce quelles aient pondu.

Nombre d'œufs. — Les dindes ne pondent ordinairement que tous les deux jours. Leur ponte comprend une vingtaine d'œufs en moyenne. Elles sont beaucoup moins prolifiques que les poules. Elles font souvent une seconde ponte en août, lorsqu'elles ont couvé de bonne heure au printemps.

Les œufs de là première année sont plus petits. A partir de la quatrième ou cinquième année, la fécondité des dindes diminue sensiblement.

Ponte de printemps. — Elle a lieu ordinairement en mars. C'est la plus abondante.

Ponte d'été. — Si la dinde couve de bonne heure, en avril ou mai, elle recommence à pondre, en général, à la fin de juillet et en août. Cette ponte produit moins d'œufs.

Conservation des œufs. — La conservation des œufs pour l'incubation a lieu de la même manière que pour ceux des poules.

INCUBATION

La dinde qui veut couver glousse comme la poule. Elle perd les plumes du ventre et devient plus rusée pour cacher ses œufs.

Nombre de couveuses. — Il est préférable de mettre plusieurs dindes à couver en même temps.

Couveuses qui pondent. — Quelquefois certaines dindes couvent avant d'avoir achevé leur ponte. Dans ce cas il faut marquer les œufs mis à couver et si le nombre augmente enlever ceux qui ne sont pas marqués.

Nids. — Les nids se préparent de la même manière que ceux des poules. Il ne faut pas les poser à terre pour éviter l'humidité. On les garnit de paille ou de foin.

Choix des couveuses. — On doit choisir comme couveuses les dindes les plus douces, les meilleures mères.

Soins pendant l'incubation. — Les dindes couveuses doivent être placées dans un local sec et assez chaud. Les soins pendant l'incubation sont les mêmes que pour les poules, faire manger la bête, couvrir les œufs, s'il fait froid, etc.

Nombre d'œufs. — On donne ordinairement à une dinde de taille moyenne 15 à 20 œufs.

Mirage des œufs. — On mire les œu's vers le huitième ou dixième jour d'incubation. Ceux qui sont clairs doivent être retirés.

Durée d'incubation. — Elle est en général de vingt-huit à trente-et-un jours.

Incubation artificielle. — Pour les œufs de dindes, comme pour ceux de poule, on peut avoir recours avantageusement à une couveuse artificielle. L'appareil doit être placé dans un local bien sec et exposé au midi ou à l'est. Les soins sont les mêmes.

Eclosion. — L'éclosion se fait d'une façon un peu plus spontanée que celle des poussins, à partir du vingt-huitième ou vingt-neuvième jour.

Couvées tardives. — Quand on a plusieurs dindes qui couvent en même temps, on peut donner à une les dindonneaux d'une autre et remettre cette dernière à couver si elle n'est pas fatiguée.

Quelquefois aussi, les dindes qui ont couvé de bonne heure, recommencent à pondre vers le mois de juillet. On peut les faire couver, si les dindonneaux ont le temps de prendre le rouge avant les froids. Ces dindons tardifs peuvent se vendre au printemps, en mars et avril, à un prix élevé ; mais il faut de grandes précautions pour sauver les secondes couvées, et quelquefois on n'y réussit pas, malgré tous les soins.

CHAPITRE III

Elevage des dindonneaux

Les jeunes dindonneaux sont plus délicats que les poussins. Ils redoutent plus le froid et l'humidité. Il faut donc les entourer de soins plus attentifs. Dans les premiers jours ils seront placés dans un local chaud et bien sec.

Chambre d'élevage. — Elle doit être saine et chauffée si la température est froide, exposée au midi, au sud-est ou à l'est.

Soins. — A partir du deuxième ou troisième jour on peut les faire sortir quelques instants, on leur donne la liberté complète après le dixième ou douzième jour, mais il faut les rentrer tous les soirs, ou quand il pleut, ou lorsque le soleil est trop ardent.

Les dindonneaux sont susceptibles d'être élevés par les procédés artificiels au moyen d'éleveuses.

NOURRITURE DES DINDONNEAUX

La nourriture destinée aux dindonneaux doit être de bonne qualité, fortifiante. On leur donne à manger à partir du deuxième jour.

Pâtée. — La nourriture qui convient le mieux

pour le premier âge est la pâtée. On peut la préparer
de diverses manières :

1° Pain trempé, œufs durs et oignons hachés.

2° Farine (orge, sarrasin ou maïs) délayée dans du
lait caillé, on y ajoute de l'oignon, du persil,
quelques feuilles d'absinthe, le tout haché.

Pour le second âge on leur donne en outre, du son
ou de la farine délayée dans du lait. On y ajoute du
riz cuit, un peu de graine de chanvre concassée et
des feuilles d'orties hachées.

Grains. — Les meilleurs grains pour les dindonneaux sont le chènevis, le blé, le sarrasin, le maïs et
le riz.

Lorsqu'ils prennent le rouge on les nourrit avec
de bonnes pâtées, du chènevis, du blé, du maïs, des
oignons, etc.

Le meilleur fortifiant pour les dindonneaux est le
vin rouge. On les habitue à cette boisson en rougis-
sant leur eau d'abord légèrement. Avec un bon régime, riche, substantiel, une température favorable,
un local chaud, bien exposé et un terrain léger, per-
méable, siliceux, on arrive assez facilement à élever
les dindonneaux.

Pâturage. — Lorsque le temps le permet et que
les dindonneaux sont bien habitués à sortir, on les
conduit aux champs, mais il faut éviter la pluie et le
soleil trop chaud. On devra, autant que possible, les
conduire dans les terres légères, saines, siliceuses,
car l'humidité aux pattes leur est funeste. Ils sont
beaucoup plus rustiques après avoir pris le rouge.

Crise du rouge. — Les dindonneaux prennent le
rouge (formation des caroncules) généralement entre

le deuxième et le troisième mois. C'est une période
très critique pour ces jeunes animaux. Il en périt
souvent en grand nombre, s'ils ne sont pas entou-
rés de beaucoup de soins. Lorsque la maladie du
rouge se déclare, les dindonneaux sont tristes, ont
les plumes hérissées et les ailes pendantes. Ils ne
mangent pas, sont atteints de diarrhée et meurent
bientôt. M. Roullier-Arnoult, recommande d'employer contre cette maladie la poudre suivante :

Cannelle de Chine en poudre..	5	parties
Gingembre en poudre.........	50	—
Gentiane en poudre..........	5	—
Anis pulvérisé...............	5	—
Carbonate de fer pulvérisé.....	25	—

Le tout doit être très bien mélangé. Une cuillerée
a café de cette poudre suffit pour quinze à vingt-deux
dindonneaux. On la mélange à la pâtée, deux fois
par jour. Il faut commencer le traitement quelques
jours avant l'apparition du rouge et le continuer
quelques jours après. On obtient ainsi généralement
de bons résultats.

CHAPITRE IV

Engraissement des dindons

L'engraissement des dindons se fait généralement
lorsqu'ils sont à peu près adultes, c'est-à-dire vers
l'âge de six à sept mois.

Nourriture. — Au point de vue de l'alimentation, il faut diviser la période d'engraissement en trois parties :

1° Dans les premiers jours on leur donne des grains, des pommes de terre et autres racines à leur rentrée des champs, ainsi que des glands, des faînes, des petites châtaignes, etc.

2° Dix à douze jours après on leur donne en outre une fois par jour, de la pâtée composée de pommes de terre, de farine (orge, sarrasin ou maïs) délayées dans du lait caillé.

3° Enfin pendant les dix derniers jours on les nourrit plus fortement avec du maïs et de la pâtée, faite avec de la farine (orge ou maïs) et du lait. Cette pâtée est donnée sous forme de boulettes ou de pâtons.

Pendant cette dernière période on peut achever l'engraissement, soit exclusivement avec de la pâtée, soit avec du maïs seulement. Les pâtons doivent être trempés vivement dans du lait avant de les faire avaler. Il est bon de donner un peu de lait à boire aux dindons.

Le gavage est le procédé le plus généralement employé pour engraisser les dindons. Quand on emploie les pâtons, deux personnes sont nécessaires. L'une tient la bête entre les jambes et ouvre le bec, l'autre enfonce les pâtons et les fait descendre. Dans certaines contrées, on engraisse les dindons avec les noix, mais cette nourriture communique à la chair une saveur huileuse.

Enfin, on peut employer dans l'engraissement du dindon la gaveuse mécanique avec une pâtée quelconque.

La dinde s'engraisse plus facilement que le mâle,
sa chair est aussi plus fine et plus recherchée, mais
elle donne moins de viande. Un beau dindon gras
peut peser en moyenne de 6 à 8 kilos. Une jolie
dinde bien grasse ne pèse guère au-delà de 5 kilos 5oo
à 6 kilos.

Durée de l'engraissement. — En général, trois semaines à un mois suffisent pour engraisser convenablement un dindon.

CHAPITRE V

Plantes nuisibles et maladies

Plantes nuisibles. — Quelques plantes sont nuisibles aux dindons et peuvent même les faire périr ;
telles sont la ciguë, la grande digitale, la jusquiame,
etc. En cas d'accident, il faut employer l'huile d'olive
contre la ciguë et le lait contre la digitale.

Le vesce et la gesse leur occasionnent parfois des
indigestions. Enfin, la laitue peut leur donner la
diarrhée quand ils en consomment une trop grande
quantité.

Maladies. — Quand les dindonneaux sont malades, ils ont un air triste et ne mangent pas. Il faut
les empêcher de sortir et les mettre dans un endroit
bien chaud, même près du feu. On leur fait boire

un peu de vin et on leur donne de la pâtée composée de chènevis écrasé et de farine mouillée légèrement avec du vin.

Refroidissement. — La pluie et le froid sont deux
mortels ennemis pour les dindons. Quand ils ont
été mouillés, il faut les réchauffer et leur donner un
peu de vin, en les plaçant dans un endroit bien
chaud.

Echauffement. — On soumet les dindons atteints
d'échauffement à un régime rafraîchissant.

Roupie. — C'est un engorgement qui survient à
la tête. On le guérit en facilitant l'écoulement par
les narines. On lave avec un corps gras. Quelquefois
la tête se couvre de tumeurs; il faut les laver avec
de l'eau acidulée de vinaigre, ou avec du vin chaud.
On donne à manger du chènevis et de la pâtée au
vin.

Pustules. — Les dindons sont quelquefois atteints
par une maladie qui est caractérisée par des pustules
qui se remarquent soit à l'intérieur, soit autour du
bec, dans le gosier et sur les parties dégarnies de
plumes. Il faut isoler les malades, et si les pustules
sont extérieures, on les cautérise au fer rouge, ou
on les frotte avec de l'alcool camphré.

Rouge. — Nous avons vu plus haut la crise du
rouge, qui constitue la période la plus critique de
l'existence du dindon.

LE CANARD

CHAPITRE PREMIER

Considérations générales. — Races

Le canard est un oiseau de basse-cour, de l'ordre des *palmipèdes*. Il est pacifique, de caractère sociable, aimant l'eau. C'est le plus facile à élever, son développement est très rapide et il engraisse facilement. Il est donc important dans une basse-cour.

RACES

1° Le *canard sauvage;* 2° le *canard domestique*. Dans ce dernier, il existe un assez grand nombre de races ; beaucoup d'entre elles ne sont que des espèces d'agrément et de fantaisie, qui n'ont aucun intérêt pour la basse-cour, ni aucun profit. Nous les diviserons en deux catégories : 1° les races françaises ; 2° les races étrangères.

RACES FRANÇAISES. — *Race commune ou petite race.* — Cette espèce ressemble beaucoup à la sauvage, mais elle est plus grosse, ses membres sont plus forts. On la rencontre dans tous les pays. Elle est rustique, s'élève et s'engraisse facilement.

Race de Normandie. — Le canard de Normandie, ou canard de Rouen, est plus gros que le commun, tout en étant rustique, d'un élevage aussi facile et plus prolifique. Cette race forme deux variétés dont l'une est huppée. Elle est précoce et très féconde. Le canard de Rouen est très répandu dans le nord et le nord-ouest de la France.

RACES ÉTRANGÈRES. — Nous ne citerons que les principales.

Canard musqué ou de Barbarie. — Ce canard est beaucoup plus gros que les autres espèces. Il s'en distingue aussi par ses caroncules, d'un rouge vif, qui ornent sa tête et se renflent sur le bec. Il dégage une petite odeur de musc par des glandes placées sous le croupion. Le mâle a un bouquet de plumes derrière ces glandes. La femelle est plus petite et n'a pas de renflement sur le bec.

Ce canard se passe facilement d'eau et se perche quelquefois.

La cane est très prolifique et pond de gros œufs. Elle est généralement bonne couveuse.

La viande de cette espèce a souvent une odeur particulière désagréable.

Canard polonais. — Il est de taille plutôt petite, de plumage blanc, et son bec offre cette particularité d'être busqué. Son duvet est fin et abondant. C'est une race très rustique et très féconde.

Canard de Perse. — C'est surtout un oiseau d'ornement, aux magnifiques couleurs vives.

Citons encore : 1° le *canard de Pékin*; 2° le *canard*

du Labrador; 3° le *canard huppé,* un des plus beaux; 4° le *canard à tête grise;* 5° le *canard mo-rillon,* etc.

CHAPITRE II.

Reproduction

Canard. — Un mâle suffit à six ou sept canes. On peut le supprimer après la ponte. On doit le mettre avec les femelles dès le mois de janvier.

Cane. — Il faut choisir pour la reproduction les canes les plus douces, les meilleures couveuses et les plus grosses.

PONTE

La cane pond ordinairement de 3o à 35 œufs. La ponte des jeunes canes n'a pas lieu avant le printemps qui suit leur naissance. Mais elles pondent plus ou moins tôt, à cette saison, selon leur précocité. Les canes cachent souvent leurs œufs dans des nids qu'elles construisent hors de la basse-cour.

Ponte de la cane musquée. — Elle pond à la même époque. Ses œufs sont gros.

Ponte des canes mulardes. — La cane mulet, ou mularde, provient du croisement de la cane musquée avec le canard ordinaire, ou de la cane commune avec le canard musqué.

Ces canes pondent abondamment et produisent

de gros œufs. Ces œufs sont stériles et par conséquent impropres à l'incubation s'ils proviennent de
mulardes cochées par des canards mulets ou mulards. Ils sont, au contraire, féconds lorsqu'ils sont
produits par des mulardes cochées par le canard
ordinaire.

INCUBATION

Incubation par une cane. — On l'installe dans un
endroit tranquille. On lui donne de la paille et ordinairement elle fait son nid. On doit la surveiller
au moment des éclosions, car, lorsqu'elle aperçoit
un où deux canetons, elle croit, parfois, que sa
tâche est terminée et quitte le nid. Une cane de taille
moyenne peut couver de 12 à 15 œufs.

Incubation par une poule. — La poule couve très
bien les œufs de cane, et montre, par la suite, une
grande affection pour les canetons, mais ces derniers obéissent moins à la poule.

Incubation par une dinde. — On peut également
confier l'incubation des œufs de cane aux bons
soins d'une dinde, qui s'acquitte très bien de ces
fonctions.

Incubation artificielle. — L'incubation artificielle
donne également de très bons résultats.

Durée de l'incubation. — La durée de l'incubation des œufs de cane varie de 29 à 30 jours en
moyenne.

Soins. — Les soins pendant l'incubation sont les
mêmes : donner à manger aux couveuses et couvrir
leurs œufs quand elles les quittent. Les œufs de
cane sont plus sensibles au froid.

CROISEMENT

De l'accouplement de la cane commune avec le
canard musqué, ou de celui de la cane musquée
avec le canard commun, proviennent des métis très
beaux. Ils sont plus beaux dans le premier cas. Ces
métis, appelés *mulets ou mulards*, de plumage
foncé, n'ont pas de caroncules sur la tête et sont
presque silencieux.

CHAPITRE III

Elevage des canetons

L'élevage de ces petites bêtes peut se faire de trois
manières :

1° Au moyen d'une mère cane, surtout si on est
à proximité de l'eau ;

2° S'il n'y a pas d'eau, une poule ou une dinde
peut remplacer avantageusement la cane. L'une et
l'autre ont grand soin des canetons ;

3° Enfin, ces derniers peuvent être confiés à une
mère artificielle. L'élevage a lieu alors de la même
manière que pour les poussins. Il faut surtout les
préserver de la pluie et, en cas de mauvais temps,
les tenir dans un local bien sec et chaud.

Les canetons sont gâcheurs et voraces ; il leur faut

donc, dès leur jeune âge, une nourriture abondante.

Nourriture. — La première nourriture à donner aux canetons consiste surtout en pâtées qui sont fabriquées de différentes manières, principalement avec des farines d'orge, de maïs, de sarrasin, délayées dans du lait. Quelques jours après, on ajoute des orties hachées. Dans les premiers jours, il faut habituer les canetons à avaler en leur donnant à boire du lait dont ils sont très friands. Ils recherchent également avec avidité les matières animales, aussi ces dernières doivent-elles entrer, pour une large part, dans leur nourriture.

Ce régime à la pâtée dure en général jusqu'au moment de l'engraissement.

Nourriture des canards adultes. — Les mâles et femelles que l'on garde pour la reproduction sont nourris plus simplement, avec du son, des racines, surtout des betteraves, des citrouilles, des grains, diverses verdures et toutes sortes de débris. Le canard est un animal glouton, peu délicat, et qui mange, avec voracité, toutes sortes de matières. Il est donc très facile à nourrir et peu coûteux.

ENGRAISSEMENT

Le canard s'engraisse facilement par les deux systèmes : en *liberté* ou en *captivité*.

L'engraissement en captivité est un peu plus prompt que le premier. Il consiste à placer les canards dans un local spécial un peu sombre, ayant une température moyenne, complètement isolé et à leur donner une nourriture convenable.

Cette dernière varie selon les localités, mais en général elle consiste en pâtées faites avec des farines d'orge, de sarrasin et surtout de maïs, délayées dans du lait et administrées sous forme de pâtons, par le système de gavage. Les pâtons, de forme cylindrique sont trempés dans du lait et introduits dans le bec, comme on procède pour les autres volailles.

On peut aussi engraisser les canards avec du grain, principalement du maïs et, dans ce cas, il est préférable d'employer l'entonnoir.

Durée de l'engraissement. — Trois semaines d'un bon régime suffisent pour bien engraisser les canards.

Epoque. — L'engraissement se pratique avec plus de succès à partir du mois d'octobre jusqu'en février.

Age. — Le canard a acquis à peu près tout son développement vers l'âge de 4 à 5 mois. On peut donc commencer à l'engraisser à 4 mois.

Le canard est susceptible d'arriver à un état très avancé d'engraissement.

Vente de canetons. — Les canetons précoces se vendent généralement chers. S'ils ont été bien nourris, étant jeunes, ils peuvent être consommés vers l'âge de 2 mois, au moment où ils croisent, c'est-à-dire lorsque leurs ailes commencent à se toucher par leurs extrémités.

Sacrifice. — Selon le but qu'on se propose on tue le canard en le saignant ou en l'étouffant.

Plumes. — Le duvet du canard a une certaine valeur. On peut procéder au plumage deux fois par an, en juillet, à la fin de la pariade des mâles et de la ponte ou de l'incubation des femelles et une seconde fois en octobre. Tous les canards doivent être bien emplumés à l'arrivée des froids. On procède à cette opération au moment de la mue. Le plumage ne doit jamais être complet. Le canard plumé doit être tenu chaudement pendant 2 ou 3 jours.

Les animaux qui ne sont pas destinés à la reproduction peuvent être plumés une fois de plus.

Logement des canards. — Le canard couche à terre. Il n'a pas les mêmes mœurs que la poule. Il se couche tard et se lève tôt. Il est préférable de le loger dans un local spécial, qui doit être salubre, exempt d'humidité, aéré et vaste. nettoyé très souvent, car cet animal salit beaucoup.

L'OIE

Considérations générales. — Encore un oiseau de basse-cour de l'ordre des *palmipèdes* et non des moins utiles. En effet, l'oie est un animal des plus importants, qui fournit une viande très recherchée dans certaines contrées, surtout dans le sud-ouest de la France, pour être conservée. Son duvet a également une grande valeur. Son foie est très recherché pour la fabrication des pâtés de foie gras. Il est l'objet d'un commerce très important.

La graisse de l'oie est de très bonne qualité.

Les oies sont des bêtes pacifiques qui vivent en bons rapports avec les autres animaux de basse-cour.

Logement. — Les oies, comme les canards, doivent être logées dans un local spécial sain, bien aéré et assez vaste pour ne pas qu'elles soient entassées.

CHAPITRE PREMIER

Races

Divisons d'abord l'oie en deux grandes catégories:
1° L'*oie sauvage*; 2° l'*oie domestique*.

Dans la première on trouve plusieurs variétés répandues en Europe:

1° L'*oie ordinaire* ou cendrée; 2° l'*oie des moissons*; 3° l'*oie rieuse* à front blanc et ventre noir; 4° l'*oie des neiges*, au plumage blanc, bec et pattes rouges; 5° l'*oie cygne*, etc.

Dans l'oie domestique nous trouvons: 1° Les races françaises; 2° les races étrangères.

Races françaises. — En France on rencontre deux variétés:

Petite race. — La petite race est représentée par l'*oie commune* qui est la plus répandue dans les diverses régions. Maigre, elle atteint le poids moyen de 3 kilos et grasse celui de 5 kilos environ. Son plumage est blanc ou gris.

Grosse race. — Elle est moins répandue que la précédente, on la rencontre surtout dans le sud-ouest de la France et principalement dans la vallée de la Garonne et aux environs de Toulouse. Elle est aussi connue sous le nom d'*oie de Toulouse*. Elle atteint le poids moyen de 4 kilos 500 à 5 kilos 500 maigre et celui de 8 à 12 kilos grasse. Cette oie est celle qui est engraissée dans toute la région du sud-ouest.

Races étrangères. — Nous ne ferons que citer les principales, la grosse race française, *oie de Toulouse,* étant certainement la meilleure : 1° L'oie antarctique ; 2° l'oie à cravate ; 3° l'oie des Esquimaux ; 4° l'oie Cravant ; 5° l'oie à collier roux ; 6° l'oie bronzée ; 7° l'oie dEgypte ; 8° l'oie armée ; 9° l'oie de Guinée ; 10° l'oie de Coromandel et l'oie disparate.

CHAPITRE II

Reproduction

Accouplements. — Le choix des reproducteurs est important.

Jars. — On appelle *jars* le mâle de l'oie. Il doit être choisi de belle taille, hardi, fier, de santé robuste et de plumage luisant. Un mâle suffit pour 7 à 8 femelles.

Oie. — On doit choisir les plus belles et les plus douces.

Les amours des oies commencent en janvier. Les accouplements se font sans bruit le matin surtout, à deux où trois jours d'intervalle.

Ponte. — Les oies ne font qu'une ponte et une couvée par an. Elles commencent à pondre en janvier ou février et produisent en moyenne de 17 à 22 œufs.

Incubation.— Les oies sont en général très bonnes couveuses.

On installe les nids avec de la paille, dans un endroit isolé, tranquille et un peu sombre.

Soins pendant l'incubation.— On nourrit les oies pendant l'incubation avec des grains, du son mouillé, des herbages et on leur donne à boire. Ordinairement elles ne quittent le nid qu'une fois par jour.

Durée de l'incubation.— Elle est de 28 à 30 jours en moyenne.

Incubation par les poules.— Les poules couvent très bien les œufs d'oie, mais il ne faut pas leur en donner plus de 6 à 7.

Eclosion.— Les premières éclosions commencent vers le 28° jour. Il faut enlever les Oisons à mesure qu'ils naissent pour empêcher l'oie de quitter son nid.

CHAPITRE III

Elevage des oisons

Les oisons naissent avec un simple duvet; le premier soin consiste donc à les protéger contre le froid en les déposant dans une caisse ou un panier garni de plumes, placé près du feu, en attendant l'abri de la mère. Ils restent environ un jour sans prendre de nourriture.

Nourriture de premir âge. — La première nourriture consiste en œufs cuits hâchés avec des jeunes pousses d'orties. On peut leur donner aussi de la mie de pain et du son mouillés.

Nourriture de deuxième âge. — Environ huit jours après on modifie l'alimentation et on leur donne des pâtées composées de pain, de son, de farines (orge, sarrasin ou maïs), des pommes de terre cuites, etc., on y ajoute des orties hâchées. Les oisons sont très voraces et il faut leur faire 6 à 7 distributions d'aliments par jour.

Si le temps est beau, on donne la liberté aux oisons, avec leur mère, six à huit jours après leur naissance. Ils redoutent le froid, l'humidité et la grande chaleur.

NOURRITURE DES OIES

Les oies sont des animaux voraces et très gâcheurs ; il leur faut beaucoup de nourriture et il n'est pas possible de les élever exclusivement dans les cours. Le pâturage leur est indispensable et, s'il est abondant, il peut former leur nourriture presque exclusive, les oies broutant très bien l'herbe.

Pâturage. — Les pâturages des prairies fraîches constituent la nourriture la plus économique et la plus convenable pour les oies.

Après la moisson on conduit les oies sur les chaumes de céréales. Elles ramassent les graines et broutent les herbes. L'oie est matinale et aime à pâturer dès le matin. Elle ne craint pas les herbes humides. Elle est docile et se laisse conduire très facilement en troupeaux aux pâturages.

Racines. — Les oies mangent très bien toutes les racines, pommes de terre, betteraves, rutabagas, etc., crues ou cuites. Elles constituent une bonne nourriture économique.

Grains. — Elles consomment également tous les grains ainsi que le son, les farines et autres.

Nourriture d'hiver. — On ne conserve pour passer l'hiver que les oies destinées à la reproduction. On les nourrit avec des grains, des racines, des pommes de terre, du son et recoupes. On les conduit au pâturage quand le temps le permet.

CHAPITRE IV

Engraissement des Oies

Les oies nées au printemps sont engraissées à l'automne et en hiver, à partir du mois de novembre jusqu'au mois de janvier.

Epoque. — L'oie est de toutes les volailles celle qui prend la graisse le plus facilement. Elle ne s'engraisse convenablement que quand la température est assez froide. C'est donc à l'automne que l'on commence. Cette opération ne doit pas se prolonger au-delà du mois de janvier, car à cette saison l'époque des amours arrive et les oies n'engraissent plus.

Pratiques d'engraissement. — Il existe plusieurs systèmes d'engraissement des oies :

1° En les enfermant dans des épinettes où elles font des repas réguliers ;

2° Par le gavage mécanique, comme pour les autres volailles ;

3° Par le gavage à l'entonnoir. Ce système est le plus répandu. C'est le seul en usage dans le sud-ouest de la France où l'engraissement des oies se fait sur une très grande échelle.

Ordinairement, les oies à l'engrais ne sont pas enfermées.

Nourriture. — On peut engraisser les oies avec divers grains : le maïs, l'orge, le sarrasin, les pois, etc. Le maïs est certainement celui qui convient le mieux et qui donne les meilleurs résultats. On leur donne aussi des farines, surtout celle de maïs, des pommes de terre cuites et autres.

Dans certaines localités on ne pratique le gavage que pendant la dernière moitié de la période d'engraissement. Ailleurs, et particulièrement dans le sud-ouest, on gave pendant tout l'engraissement. Il faut environ 25 à 30 litres de maïs par oie pour l'obtenir complet. Le gavage se fait à l'entonnoir, deux ou trois fois par jour. Quelquefois, vers la fin de l'engraissement, on cuit le maïs pour faciliter la digestion. Enfin, dans certains pays, on commence à engraisser avec le grain et on termine avec des farines (farine de maïs surtout) sous forme de pâtée et de pâtons.

Durée de l'engraissement. — Sa durée est d'environ 25 à 30 jours.

Foies d'oies grasses. — Le foie de l'oie grasse a une grande valeur pour la fabrication des pâtées de foies gras. On les consomme aussi à l'état naturel. Le foie d'une oie maigre pèse en moyenne de 80 à 100 grammes. Le poids moyen du foie d'une oie grasse est de 500 à 850 grammes (oie de Toulouse). Certains foies atteignent les poids de 1 k. à 1 k. 500 et quelquefois plus.

L'engraissement au maïs favorise le développement du foie, surtout si on le fait tremper ou cuire vers la fin de l'engraissement.

Le prix des foies gras frais varie, selon la qualité, les années et les localités, de 3 fr. 50 à 6 fr. le kilogr.

Oies grasses. — L'augmentation du poids est variable selon l'espèce et le degré d'engraissement. Une oie de Toulouse pesant maigre 5 à 7 kilog., en moyenne, peut atteindre le poids de 9 k. 500 à 13 kilogrammes grasse, dans les conditions ordinaires. L'augmentation serait donc, dans ce cas, de 80 o/o environ. Elle peut aller à 90 o/o.

La viande d'oie et la graisse sont deux produits précieux pour les provisions ménagères.

Commerce. — Le commerce des oies est très important dans toute la région du sud-ouest. Les oies maigres se vendent en novembre et commencement de décembre; les oies grasses en décembre et janvier. Les prix varient beaucoup selon les années, les localités et la qualité des animaux.

Les oies maigres se vendent en général de 4 fr. 50 à 7 fr. la pièce, suivant la grosseur et la qualité.

Le prix des oies grasses varie en moyenne de 1 fr. 20 à 1 fr. 75 le kilog., la bête morte et plumée. Mais je le répète, ces prix n'ont rien d'absolu et sont soumis à de grandes variations.

CHAPITRE V

De la plume et divers produits

La plume et surtout le duvet sont des produits importants chez les oies et donnent lieu à un commerce assez considérable dans les localités ou l'on élève l'oie sur une grande échelle.

Epoques de la récolte. — Le plumage doit se faire dans des conditions et à des époques où il ne puisse nuire ni à la ponte des femelles, ni à la fécondité et à l'ardeur des mâles, ni enfin à l'engraissement au moment favorable.

Du plumage. — L'opération doit se faire avec des précautions et par des personnes habituées à ce travail. Les parties à plumer sont : le cou, le plastron et l'abdomen jusqu'au croupion en remontant un peu vers les reins. On enlève d'abord le gros duvet, puis le duvet fin ou *velours* qui se trouve au-dessous.

Ordinairement on plume les oies trois fois par an : en juin, en fin août ou septembre et après la mort. Les oisons ne doivent pas être plumés avant que leurs ailes ne soient croisées, environ deux mois après leur naissance. Les vieilles oies doivent être remplumées avant l'arrivée des froids ; le troisième plumage se fait en septembre.

Quantité de plume. — Elle varie selon la grosseur de l'oie. Une jeune oie de l'année donne en moyenne

250 à 270 gr. de plumes et duvet pour les trois plumages soit environ 85 à 90 gr. à chaque plumage.
Sur cette quantité de 250 à 280 gr., il y a approxi-
mativement 50 à 60 gr. de duvet fin.

Une vieille oie donne plus de plumes 400 à 420 gr.
(plumes et duvet) pour les trois plumages soit environ 133 à 140 gr. à chaque plumage. Dans ces 420
grammes, il y a ordinairement 80 à 100 gr. de duvet
fin. On voit donc que la plume est un produit important, son prix étant en moyenne de 10 à 13 fr.
le kilo.

Plumes à écrire. — Les plumes des ailes et de la
queue fournissent les plumes à écrire (pennes).

Peau. — La peau de l'oie chargée de duvet constitue une fourrure de valeur, employée à divers usa-
ges comme peau de cygne.

Fumier. — Les oies produisent, comme les canards, une certaine quantité de fumier, surtout au
moment de l'engraissement.

CHAPITRE VI

Maladies et plantes nuisibles

L'oie est sujette à diverses maladies dont les principales sont :

Diarrhée. — Une alimentation très aqueuse et
prolongée occasionne souvent la diarrhée aux oies.

Dans ce cas, il faut la remplacer par des aliments plus secs et plus échauffants.

Constipation. — L'emploi exclusif des grains comme aliments, et surtout de l'avoine, produit souvent des constipations opiniâtres. Il faut, dans ce cas, avoir recours à une alimentation plus rafraîchissante.

Apoplexie. — Les oies sont très sujettes a des maladies vertigineuses. L'insolation est presque toujours la cause des vertiges et des attaques d'apoplexie. Une saignée de 3o à 35 grammes pratiquée sous l'aile produit un soulagement, mais guérit rarement d'une façon complète. Il est préférable de tuer l'oie pour la consommation.

Epizooties. — Diverses affections graves sévissent souvent dans les troupeaux d'oies. Elles sont très variées et se montrent sous divers aspects, attaquant tantôt les organes digestifs, tantôt ceux de la respiration, quelquefois le sang, etc.

Plantes nuisibles. — La ciguë, dont les oies sont avides, la jusquiame et la morelle sont pour elles des poisons violents. Quand elles en ont consommé quelques feuilles elles tombent, les ailes étendues et périssent assez vite dans des convulsions. Il faut leur administrer de suite du lait chaud et frais, et de la rhubarbe.

Les orties attaquée de la miellée ou du puceron, sont aussi un poison pour les oies. On peut faire cesser les accidents causés par ces plantes en donnant aux malades de l'eau tiède dans laquelle on fait dissoudre un peu de chaux.

LA PINTADE

La pintade est un oiseau de basse-cour de l'ordre des *Gallinacés*, plus sauvage que la poule dont elle égale presque la grosseur.

CHAPITRE PREMIER

Reproduction. — Elevage

Aspect. — Le plumage de la pintade est moucheté de blanc, de noir et de gris; sa tête et son cou présentent, comme ceux du dindon, des caroncules qui changent de couleur du rouge au bleu. C'est un bel oiseau, qui a une chair excellente et dont l'élevage serait aussi très avantageux si, dans nos climats, sa jeunesse n'était pas si délicate.

Ponte. — La pintade pond beaucoup. Ses œufs

sont petits, mais très bons. Elle ne commence à pondre que quand la température est assez élevée. Elle cache généralement ses œufs dans les haies et les buissons. Elle pond environ une trentaine d'œufs. Un mâle suffit pour 5 à 7 femelles.

Incubation.— La pintade est assez mauvaise couveuse, c'est pour cette raison qu'on fait généralement couver ses œufs par une poule.

Eclosion.— Soins.— Les pintadeaux sont très délicats, aussi dès leur naissance faut-il prendre les plus grandes précautions pour les soustraire aux intempéries, froid, pluie, vent, etc., qui leur sont funestes. La pintade réclame de la chaleur.

Nourriture.— La première nourriture à donner aux pintadeaux consiste surtout en œufs durs hachés, mêlés à du pain émietté, en fourmis et œufs de fourmis. Quelques jours après, on peut y ajouter des grains, du millet, du chènevis, du petit blé, etc., ainsi que quelques petits vermisseaux.

Les petites pintades deviennent très rustiques quand elles sont bien emplumées et que leurs caroncules sont tout à fait rouges. Il suffit alors de leur donner une bonne nourriture et de chercher le plus possible à les apprivoiser, car la pintade est naturellement sauvage.

CHAPITRE II

Entretien des Pintades

Nourriture. — La pintade adulte est rustique et consomme toutes sortes de grains, millet, chènevis, sarrasin, maïs, etc., ainsi que des matières végétales, racines, pommes de terre et des substances animales, insectes divers, vers et autres.

On n'engraisse pas ordinairement les pintades, mais une bonne nourriture doit les tenir constamment en état.

Elles vont pâturer aux champs, mais, comme il est difficile de les garder, elles commettent souvent des dégâts.

Logement. — Les pintades couchent dehors, généralement sur les arbres.

Maladies. — Les pintades sont sujettes aux mêmes maladies que les dindons et réclament les mêmes soins.

LE PIGEON

CHAPITRE PREMIER

Considérations générales

Le pigeon est un oiseau de basse-cour très répandu. On le trouve en général dans toutes les fermes. Il est susceptible de donner des bénéfices d'une certaine importance.

Variétés. — Il existe un très grand nombre de variétés de pigeons, dont deux principales catégories :

1° Les pigeons *bisets communs* ou *fuyards*;

2° Les pigeons *domestiques, mignons* ou de *volière.*

Les pigeons de volière sont beaucoup plus sédentaires que les premiers, plus gros et généralement plus féconds. Les variétés sont nombreuses. Un certain nombre d'entre elles constituent des espèces de fantaisie qui n'offrent quelque intérêt que pour les amateurs de curiosités.

Mœurs. — Les pigeons sont des oiseaux attachés à leur colombier.

PIGEONS DE COLOMBIER. — DU COLOMBIER

Exposition, Forme. — Le colombier ou pigeonnier est un petit bâtiment de forme variable, rond ou carré, construit spécialement et isolé, ou établi au-dessus d'une autre construction.

Corniche. — Il est bon d'entourer le colombier d'une corniche de 0ᵐ25 à 0ᵐ30 de saillie. Elle rend

Fig. 11

l'accès du bâtiment un peu plus difficile aux animaux grimpeurs et offre aux pigeons une galerie sur laquelle ils se promènent.

Ouvertures. — Le colombier doit être pourvu d'une porte pour pouvoir y pénétrer. La fenêtre destinée à laisser passage aux pigeons sera à une certaine hauteur au-dessus du sol (4 à 5 mètres), exposée au midi ou au levant selon les climats. Au niveau de cette fenêtre doit se trouver une planche de 0m50 à 0m60 de saillie, sur laquelle les pigeons se posent.

La figure 11 représente un petit pigeonnier Roullier-Arnoult installé contre un mur; sa longueur et le nombre d'ouvertures varient suivant la quantité de pigeons.

Toiture. — Elle doit avoir une assez forte pente.

Intérieur. — Les murs doivent être crépis à l'intérieur, le plancher carrelé et les joints cimentés.

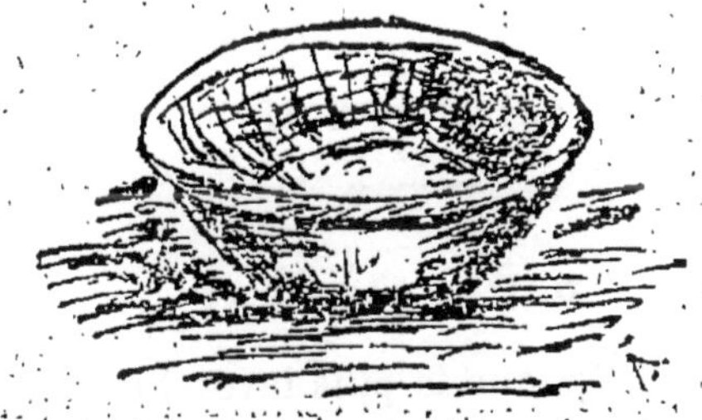

fig. 12.

Nids. — Les nids ou houlins sont placés autour du colombier à 1 mètre ou 1m20 au-dessus du plancher, et en nombre suffisant. Ils sont en osier, en bois, en briques, en plâtre ou en terre cuite non vernie. (Fig. 12.)

Appareils pour nourriture. — La nourriture doit être déposée dans une mangeoire ou trémie placée à l'intérieur du colombier.

Un ou plusieurs abreuvoirs contiendront l'eau nécessaire aux pigeons. Cette eau sera fréquemment renouvelée.

Épuisette. — L'épuisette, sorte de filet muni d'un

manche, est nécessaire pour attraper les pigeons sans épouvanter tout les habitants du colombier.

Nettoyage. — Le colombier sera souvent nettoyé et désinfecté.

Destruction des insectes et des animaux nuisibles. — Il faut faire au colombier toutes les réparations nécessaires pour fermer les fissures qui sont des refuges à une foule d'insectes.

CHAPITRE II

Du Peuplement

Epoque. — L'époque la plus favorable pour peupler un colombier est le printemps.

Procédés. — On peut peupler de deux manières :

1° En déposant dans le colombier de jeunes pigeons qui ne mangent pas encore seuls. On les nourrit en leur introduisant dans le bec du grain et de l'eau, ou une pâtée. On leur distribue la nourriture à l'intérieur du colombier jusqu'au moment où ils couvent ;

2° En mettant dans le colombier de jeunes pigeons d'un an environ, et en les tenant enfermés jusqu'à ce qu'ils aient des petits.

Variétés. — On peuple généralement les colombiers de pigeons fuyards ou bisets, on peut aussi y introduire des pigeons volant et culbutant.

Mâles et femelles. — Il faut que le nombre de mâles soit égal à celui des femelles. Les pigeons fuyards cessent généralement d'être féconds vers l'âge de 6 ans.

Croisement. — Quand on veut obtenir des croisements, il faut séparer les couples.

CHAPITRE III

Reproduction. Elevage

Age. — Les pigeons de petite espèce commencent à s'accoupler vers l'âge de 5 mois ; les gros un peu plus tard, à 6 ou 7 mois environ.

Ponte. — Les pigeons fuyards font 3 à 4 pontes par an, selon les climats, de 2 œufs chacune. La ponte dure deux jours ordinairement.

Incubation. — L'incubation dure en moyenne de 15 à 17 jours, selon la température. La femelle et le mâle couvent généralement à tour de rôle.

Après 8 jours d'incubation, on mire les œufs de la même manière que ceux des poules.

Alimentation naturelle des pigeonneaux. — Le père et la mère prennent un soin égal à la nourriture de leurs petits, et les alimentent bien en général.

Alimentation artificielle. — On peut élever les jeunes pigeons privés de leurs parents en leur don-

nant une pâtée composée de farine ou divers grains
relativement peu volumineux.

Age auquel on peut manger les pigeonneaux.
— Ils sont bons à être consommés lorsqu'ils ont
des plumes, mais quand ils n'ont pas encore volé.

Engraissement. — On le commence avant que
les plumes ne soient entièrement poussées. On leur
fait avaler 3 ou 4 fois par jour, en leur ouvrant le
bec, une certaine quantité de grain, vesce, sarrasin
et surtout du maïs cuit ou trempé. Au bout de 6 à
7 jours de ce régime, ils sont suffisamment gras.

CHAPITRE IV

Nourriture des pigeons

Les pigeons consomment divers aliments :

Grains. — On peut leur donner du blé, de l'orge,
du sarrasin, du maïs, etc.

Diverses graines. — Ils mangent également des
féverolles, du chènevis et des vesces.

Marc. — Les pigeons aiment les pépins de rai-
sins. On peut leur donner du marc séché.

Pommes de terre. — Ils mangent volontiers les
pommes de terre cuites.

Age des pigeons. — Les pigeons perdent leur
fécondité vers l'âge de 6 ans, il est absolument inutile d'encombrer le colombier de vieux couples.

OISEAUX DE VOLIÈRE

Les principaux oiseaux élevés en volière sont : Le *pigeon*, le *faisan*, la *perdrix*, la *caille*, etc.

CHAPITRE PREMIER

Le Faisan

Le faisan a une chair des plus délicates et des plus estimées. Il est très recherché comme mets savoureux.

VARIÉTÉS. — 1º *Le faisan commun ;*

2º *Le faisan argenté ;*

3º *Le faisan doré.*

Ponte. Incubation. — La faisane pond environ de 20 à 25 œufs. Un mâle suffit pour plusieurs femelles.

Il est préférable de faire couver les œufs par une poule, surtout par une petite poule anglaise.

Elevage. — On nourrit les faisandeaux avec des œufs durs, des fourmis et leurs œufs, du millet, du petit blé, du chènevis, du petit maïs, etc.

Nourriture des faisans. — Ils consomment la plupart des grains et surtout le blé, le sarrasin, le maïs, le chènevis, etc. On doit aussi leur donner de temps en temps des matières animales.

CHAPITRE II

La Perdrix

Œufs. — La perdrix ne se reproduit pas en volière, mais il est facile de se procurer des œufs dans les champs et surtout dans les prairies artificielles où la perdrix aime à nicher. Les faucheurs détruisent souvent les nids.

Incubation. — On les fait couver par une poule ordinairement.

Variétés. — Il y a deux variétés de perdrix : 1° la *perdrix rouge* qui est la plus grosse ; 2° la *perdrix grise.*

Nourriture. — On nourrit les perdreaux avec un mélange de mie de pain et d'œufs durs. Quelques jours après on ajoute des feuilles de laitue hachées très fin. On leur donne, par la suite, des œufs de fourmis, des insectes, divers grains, etc.

CHAPITRE III

La Caille

On peut se procurer des œufs de caille par le même moyen que ceux de perdrix, et on élève les petites cailles de la même manière.

CHAPITRE IV

Le Pigeon sauvage

Le *pigeon sauvage, ramier, palombe,* peut vivre en volière, mais il ne se reproduit pas. Dans les contrées où on chasse la palombe avec des filets, on la capture vivante en quantités considérables.

Divers Oiseaux

Enfin, on peut encore élever en volière certains oiseaux tels que : 1° Le *hocco ;* 2° L'*agami.*

LE LAPIN DOMESTIQUE

CHAPITRE PREMIER

Considérations Générales. Clapier

Le lapin est un petit quadrupède de la classe des *mammifères* et de l'ordre des *Rongeurs*, très important, tant au point de vue de la nourriture abondante, économique et saine qu'il procure, que de l'exploitation industrielle dont il peut être l'objet.

Souvent les jeunes lapins sont sujets à une grande mortalité, ce qui produit des pertes quelquefois considérables. Elle est presque toujours due à un défaut de soins, à une installation malsaine et malpropre, ou à une mauvaise nourriture.

Couleur des lapins. — La fourrure du lapin domestique présente les couleurs les plus variées, grise, blanche, panachée, rousse et noire.

Du clapier

Le clapier est le logement du lapin. Si on veut que ce dernier prospère il faut lui donner une habitation convenable.

Distribution. — Le clapier peut être installé d'une façon plus ou moins compliquée selon l'importance de l'élevage. Le plus simple est composé d'un certain nombre de cabanes. (fig. 13.)

Cabanes. — Les cabanes dans lesquelles on place les lapins doivent être exposées au midi, adossées

Fig. 13.

contre un mur et élevées de 0"20 à 0"30 au-dessus du sol.

Les dimensions des loges varient ; les plus petites sont destinées aux mâles reproducteurs (o mc. 50 dc. de surface environ). Les moyennes pour les femelles pleines (o mc. 70 dc. à 1 mc. de surface), et enfin, dans les plus grandes, on réunit les jeunes lapins sevrés en attendant leur vente.

Si l'emplacement est restreint on peut doubler les loges en les superposant les unes au-dessus des autres. Leur aménagement intérieur doit être aussi confortable que possible.

Ameublement des cabanes. — Les loges à lapins doivent être garnies de quelques meubles dont les principaux sont:

Fig. 14.

1° *Ratelier.* — Le ratelier est indispensable pour recevoir les fourrages. (fig. 14.)

2° *Augettes.* — Les augettes, fixées sur les côtés près de l'entrée sont nécessaires pour recevoir certains aliments, son et grains, et la boisson. (fig. 15.)

3° *Auge.* — Quelquefois, dans les cabanes des mères, on place une auge assez longue, ouverte d'un bout, renversée et fixée. Presque toujours les lapines vont faire leur nid dans ce meuble, car elles aiment à cacher leurs petits.

Propreté, soins. — Dans tous les cas il faut que les cabanes à lapins soient tenues d'une façon très propre, garnies de litière toujours fraîche et souvent nettoyées.

Assainissement. — Toutes les fois qu'on enlève le fumier il faut laver convenablement l'aire et la saupoudrer de plâtre en poudre ou de sulfate de fer. Si les parois sont en pierres il faut les blanchir à la chaux au moins deux fois par an

Fig. 15.

Cour. — Les clapiers bien installés possèdent des cours, ou plutôt une cour présentant des séparations, ce qui permet aux lapins de sortir pour prendre l'air et se promener.

Fumier. — Le fumier de lapin est très bon et riche. Il faut qu'il soit enlevé des cabanes une ou deux fois par semaine au moins.

CHAPITRE II

Races

Nous diviserons les races de lapins en deux grandes catégories : 1° Le lapin sauvage ; 2° le lapin domestique.

Lapin sauvage ou de garenne. — Il est plus petit que le lapin domestique, de couleur gris roux.

LAPIN DOMESTIQUE

On peut diviser les races de lapins domestiques en trois catégories : 1° Les lapins communs ou de clapier ; 2° les lapins à fourrure ; 3° les lapins de fantaisie.

Lapins communs ou de clapier. — Les principales races sont :

1° *Lapin commun.* — Ce lapin offre une foule de variétés dont le pelage varie beaucoup comme couleur.

2° *Lapin bélier.* — C'est la race la plus grosse. On encontre des sujets qui pèsent jusqu'a 6 et 8 kilos vivants.

3° *Lapin Nicard.* — C'est une des plus petites races, mais très rustique et très féconde.

Lapins à fourrure. — Citons comme principales races :

1° *Lapin riche ou argenté* — Il est de grosseur moyenne à pelage d'un gris argenté plus ou moins foncé.

2° *Lapin blanc de Chine.* — Ce lapin, appelé quelquefois *lapin polonais*, a le poil ras et les yeux rouges.

3° *Lapin Angora.* — Cette belle race est originaire d'Angora (Turquie d'Asie). Son pelage varie de couleur, mais le blanc est le plus commun.

Lapins de fantaisie. — Par suite de croisements entre diverses races, on a obtenu des espèces de lapins assez curieuses, mais qui ne présentent qu'un intérêt bien secondaire au point de vue spéculatif.

CHAPITRE III

Reproduction

Choix de reproducteurs. Mâle. — En général on doit mettre le plus grand soin dans le choix des reproducteurs.

Le mâle doit être vigoureux, fort, à pelage uniforme, luisant, âgé de sept à huit mois au moins.

Il faut que la femelle soit forte, bien développée, quelle ait le poil uniforme. Il faut en outre qu'elle soit adulte, c'est-à-dire âgée d'au moins six mois, de caractère doux et bonne mère.

Fécondité. — On doit s'assurer de l'intégrité des organes mâles, car le lapin monorchide n'est pas fécond.

Les femelles sont plus ou moins fécondes. Il faut

réformer, à moins de qualités rares, celles qui ne produisent que quatre ou cinq lapereaux par nichée. Celles qui sont très fécondes donnent des nichées de dix à quatorze lapereaux. La fécondité des lapines diminue à partir de l'âge de cinq ans environ. Elles doivent alors être réformées.

Les mâles restent vigoureux jusque vers l'âge de huit à dix ans.

Accouplements. — Les mâles sont toujours disposés à reproduire, mais les femelles sont assujetties à des chaleurs périodiques qui se produisent de deux à quatre fois par mois selon la nourriture.

Chaleurs des femelles. — Elles se manifestent ordinairement par un léger gonflement de la vulve et un peu de rougeur. Quand une lapine est bien en chaleur elle ne résiste pas au mâle.

Saillie. — La présence du mâle pendant une heure ou deux suffit pour féconder la lapine. Le moment le plus favorable est la nuit. Ordinairement on laisse le mâle avec la femelle pendant une nuit.

Si la lapine a des petits il faut la mettre, pendant l'accouplement, dans une case séparée avec le mâle et on la rend à ses lapereaux après la saillie.

Nombre de nichées. — Une lapine fait en général six à huit nichées par an, pour cela il faut lui donner le mâle 10 à 12 jours après la mise-bas. Elle est plus sûrement fécondée après ce temps qu'après un mois d'allaitement.

Précautions. — Si la lapine a une grande quantité de petits et qu'elle éprouve de la peine à les nourrir, il faut lui en supprimer une partie.

Consanguinité. — La consanguinité est une cause

de dégénérescence rapide chez le lapin. Il faut donc, autant que possible, éviter de prendre comme mâles des parents trop rapprochés.

Croisements. — C'est par le croisement des races qu'on a obtenu chez le lapin une foule de variétés, sous le rapport de la forme, de la couleur, du poids, de la fécondité, de la rusticité, etc.

La race commune grise, féconde et rustique, augmente de volume croisée avec le lapin bélier.

Léporides. — Le léporide provient du croisement du lièvre avec le lapin domestique : lièvre mâle et lapine, ou lapin mâle et femelle de lièvre ou hase. Le lièvre étant un animal poltron et sauvage, les tentatives de croisement ne réussissent pas toujours. Peut-être le succès serait-il plus sérieux avec un mâle lapin et une femelle lièvre. Les métis provenant de ce dernier accouplement seraient féconds.

Gestation. — La durée est de 30 jours en général.

Dès le douzième jour, on peut s'assurer si une femelle est pleine, en lui palpant le ventre avec précaution. Si elle nourrit en même temps, il est nécessaire qu'elle reçoive une alimentation abondante et substantielle et qu'elle boive de temps en temps.

Avortement. — Les principales causes d'avortement chez les lapines sont : 1° un exercice trop violent; 2° la frayeur; 3° l'herbe gelée, mouillée ou trop aqueuse. On peut remettre le mâle avec la lapine quatre ou cinq jours après.

Mise-bas. — En général, la mise-bas est facile et dure un certain temps, quelquefois jusqu'à vingt-quatre heures.

CHAPITRE IV

Elevage

Allaitement. — La lapine est généralement bonne mère et veille avec sollicitude sur sa progénitu.e.

Sevrage. — Pendant la période d'allaitement, la lapine doit recevoir une bonne nourriture. On sèvre ordinairement les lapereaux 3o à 35 jours après leur naissance, en les séparant de la mère.

Castration. — Il faut, en général, castrer tous les mâles inutiles ; non castrés, ils ne pourraient engraisser facilement et ils se livreraient à des luttes incessantes et préjudiciables.

CHAPITRE V

Nourriture

Repas. — Les repas doivent avoir lieu à des heures régulières. On donne en général, aux lapins, trois repas par jour. Celui du soir doit être le plus copieux.

Distribution des aliments. — On prendra quelques précautions pour distribuer les matières vertes.

Celles-ci ne doivent pas être mouillées, car elles produisent la météorisation ou ballonnement du ventre, ainsi que des diarrhées. Il faut éviter de donner aux lapins trop longtemps des aliments verts, surtout s'ils ne sont pas variés. Un régime trop aqueux produit des maladies graves. Il est donc de toute nécessité de varier la nourriture et d'introduire dans l'alimentation verte des substances sèches.

Des aliments. — On peut donner comme aliments aux lapins un grand nombre de matières.

Herbes. — Beaucoup d'herbes provenant des sarclages des jardins et des champs peuvent être consommées par les lapins.

Fourrages verts. — Tous les fourrages artificiels (légumineuses) sont consommés avec plaisir et profit par les lapins.

Légumes. — Un certain nombre de légumes peuvent faire partie de l'alimentation des lapins, les choux, feuilles de carottes, le céleri, les salades, le persil et beaucoup d'autres.

Racines. — Les racines, betteraves, carottes, rutabagas et raves, sont une très bonne alimentation.

Feuilles. — Les lapins consomment les feuilles de presque tous les arbres et surtout celles de l'orme, du frêne, du saule, du tilleul, du chêne, du tremble et du noisetier.

Fourrages secs. — Tous les fourrages secs de prairies artificielles, ainsi que le foin, conviennent aux lapins.

Pailles. — Les pailles peuvent aussi faire partie de leur nourriture, et surtout les tiges sèches de légumineuses, pois, vesces, haricots, féveroles, etc.

Grains. — Les lapins consomment, en général, tous les grains. Ils aiment particulièrement l'avoine, l'orge et le maïs.

Fruits. — Dans les fruits, il faut surtout citer les poires, les pommes, les coings, les glands, les faînes et divers autres.

Son. — Le son constitue une très bonne nourriture pour les lapins.

Pain. — Le pain est aussi une très bonne nourriture.

Boisson. — Lorsque les lapins consomment des aliments secs, ils doivent toujours avoir à leur disposition de l'eau claire.

Nourriture d'été. — Elle consiste surtout en verdures et fourrages verts; mais il ne faut pas abuser, comme nous l'avons dit, de la nourriture verte.

Nourriture d'hiver. — Elle se compose de racines, betteraves, carottes, rutabagas, topinambours, de fourrages secs divers, de grains, de son, de choux, etc.

ENGRAISSEMENT DES LAPINS

Pour que les lapins engraissent bien et facilement il faut : 1° qu'ils aient à peu près acquis tout leur développement; 2° qu'ils reçoivent une très bonne nourriture; 3° qu'ils soient tranquilles, dans un milieu demi-obscur et d'une température douce.

La nourriture sèche, fourrages, grains, son, pain, etc., est celle qui convient le mieux pour l'engraissement. On peut y ajouter, cependant, quelques aliments verts de bonne qualité, surtout des fourrages artificiels et des racines.

En général, on commence à engraisser les lapins vers l'âge de six à sept mois.

CHAPITRE VI

Produits. — Commerce

Les produits des lapins consistent dans leur chair, leur peau ou fourrure et leur fumier.

Chair. — La viande de lapin est bonne et se vend dans les villes assez facilement. Le lapin étant un animal très prolifique, si on a un débouché facile des produits, il peut donner de sérieux bénéfices.

Peau. — Les peaux de lapins se vendent à des prix variables, selon la qualité de la fourrure.

Fumier. — Le fumier de lapins est de très bonne qualité et abondant, si on a le soin de leur mettre toujours une bonne litière.

CHAPITRE VII

Maladies des lapins

Mue. — C'est le moment où les lapereaux changent de poil. Il leur faut pendant cette période une bonne nourriture.

Convulsions. — Ce sont les jeunes lapins qui son*
sujets aux convulsions. Il faut les tenir chaudement.

Paralysie. — Souvent elle survient à la suite de
convulsions, et attaque le train postérieur.

Hydropisie. — L'hydropisie, ou gros ventre, est
une des maladies les plus fréquentes chez le lapin.
Elle provient presque toujours de logements insalubres, humides, et d'une nourriture trop aqueuse.
On soumet les malades à une nourriture substantielle sèche, et on leur donne aussi des plantes aromatiques, des baies de genévrier, etc.

Affections vermineuses. — Elles sont assez fréquentes chez les lapins qui habitent des logements
insalubres.

Gale. — Quelque fois, le corps des lapins, et
surtout les oreilles, sont atteints d'une espèce de gale
contagieuse. Il est préférable de sacrifier les malades.

Ophtalmie. — Les jeunes lapins sont sujets à un
mal d'yeux, qui les fait périr. Il provient le plus
souvent de l'insalubrité des cabanes.

Constipation. — Elle est causée presque toujours
par une nourriture trop sèche, et le manque de boisson. Une alimentation verte, l'arrête ordinairement.

CHAPITRE VII

Des Garennes closes

Il s'agit ici de l'élevage du lapin sauvage ou lapin
de garenne.

Choix du terrain. — Le sol doit être inégal, accidenté, exposé au midi ou au levant, en pente, pour que l'eau ne séjourne pas, de nature sablonneuse ou argilo-calcaire.

Clôtures. — La garenne, doit être forcément close. La clôture est toujours une chose assez coûteuse. On peut clôre avec des murs ou des fossés remplis d'eau.

Etendue. — Elle doit être proportionnée au nombre des habitants.

Plantations. — La garenne, doit pourvoir à la nourriture des lapins :

1° *Arbres*. — Il faut planter des arbres, dont les lapins mangent les feuilles et les fruits.

2° *Herbes*. — Des herbes surtout aromatiques et quelques plantes fourragères.

Peuplement. — On peuple la garenne, au moyen de reproducteurs, qu'on se procure de différentes façons.

Nourriture. — On leur donne en hiver des fourrages secs, des grains, des racines, etc.

Produits. — Le lapin sauvage, fait environ 5 à 6 portées par an, de 5 à 8 lapereaux en moyenne.

Chasses. — Il faut éviter d'employer le fusil qui troublerait toute la population.

PISCICULTURE EN EAUX DOUCES

Introduction

La pisciculture, qui est l'art de produire et d'élever les poissons, a été pratiquée, même dans les temps anciens, par les peuples les plus civilisés. Les besoins de plus en plus croissants des populations lui donnent une importance qui grandit de jour en jour.

La production artificielle s'est surtout vulgarisée, en France, à partir de 1845 à la suite des expériences de J. Remy, pêcheur de la vallée de Saint-Amarin (Vosges). C'est lui qui, le premier, appliqua les procédés de fécondation artificielle à la production des poissons de la famille des Salmonides. Plus récemment les travaux de MM. Coste, Brandely, Chabot-Karlen, etc., ont eu pour résultat de donner à la pisciculture pratique un nouvel essor.

Enfin la loi du 30 Juillet 1875 sur l'enseignement agricole, prescrit celui de la Pisciculture dans les écoles d'agriculture qui possèdent les éléments nécessaires. La plupart d'entre elles sont aujourd'hui dotées d'un établissement piscicole. Partout on obtient de très bons résultats, au double point de vue de la vulgarisation des notions de pisciculture et du repeuplement de nos eaux.

L'initiative privée de son côté n'est pas restée inactive. Depuis quelques années, de nombreux établissements de pisciculture ont été créés sur tous les points de la France. Ils produisent une quantité considérable d'œufs et d'alevins, et contribuent puissamment au repeuplement de nos eaux, lacs, étangs et cours d'eau.

Le poisson qui ne coûte que relativement peu de chose à produire et à élever, constitue une importante source de richesse. La truite se vend sur nos marchés des grandes villes de 3 à 5 fr. le kilog., selon les localités et les saisons. Les autres poissons atteignent des prix qui varient de 80 cent. à 1 fr. 80 le kilog. selon les espèces. D'un autre côté, la production peut devenir considérable, car toutes nos eaux, susceptibles de produire du poisson, ne sont pas cultivées. La pisciculture, qui a été jusqu'ici plutôt une affaire de sport et de curiosité, doit enfin entrer dans le domaine des choses utiles et sérieuses. Il faut apprendre à connaître le poisson, à le produire et à l'élever. Il faut aussi contribuer à faire cesser les ravages des braconniers qui, d'un bout de la France à l'autre, sont à la veille de faire disparaître des espèces entières, et les meillleures.

La multiplication artificielle des poissons constitue le procédé le plus pratique de repeuplement de nos eaux ; elle augmente en même temps, améliore et varie les moyens d'alimentation et contribue puissamment à résoudre le problème de la nourriture à bon marché.

Conformation des poissons

Les poissons, animaux vertébrés à sang froid, présentent une conformation bien appropriée au milieu (eau) dans lequel ils doivent vivre. Leurs fonctions, respiration, circulation, locomotion et reproduction diffèrent essentiellement de celles des autres animaux vertébrés.

Respiration. — Les poissons respirent au moyen de lames ou lamelles vasculaires appelées branchies. Le poisson déglutit l'eau et la fait passer dans la cavité branchiale. Elle se tamise entre les lamelles, puis s'échappe par l'ouverture operculaire.

Circulation. — La circulation est incomplète. Le cœur est simple et n'a que deux cavités, une oreillette et un ventricule. Cette fonction est relativement lente chez les poissons. Chez les Cyprins le cœur n'a que 20 à 26 contractions par minute. Elle est un peu plus accélérée chez les Salmonides, 30 à 40 contractions. Le froid engourdit les poissons et limite l'activité de leurs fonctions.

Digestion. — L'appareil digestif est simple. Chez la plupart des poissons, l'estomac n'est qu'une espèce d'élargissement du tube digestif. L'œsophage est, en général, court et dilaté. Les barbillons ont des organes annexes de la préhention. Ils sont en nombre variable selon les espèces. La bouche des poissons carnivores (perche, brochet, truite, etc.) est armée de dents. Elles manquent chez les Cyprins (carpe, tanche, brême, etc.). Ces espèces sont herbivores et insectivores.

Locomotion. — Les nageoires sont les organes de locomotion. Les nageoires pectorales et ventrales sont les organes actifs du mouvement. Elles sont aidées par la caudale ou nageoire de la queue. Il existe encore les nageoires dorsales et la nageoire anale. Les anguilles sont dépourvues de ventrales.

Reproduction. — Chez les mâles les organes de reproduction sont représentés par deux testicules appelés *laite* ou *laitance.*

Le sperme, qui est le produit de leur sécrétion est de couleur blanchâtre, plus ou moins consistant. Il renferme les spermatozoïdes. Les organes de reproduction de la femelle consistent en deux ovaires, deux glandes renfermées dans un sac. On y remarque à l'intérieur plusieurs loges que forme la membrane qui les enveloppe et sur laquelle adhèrent les œufs qui sont secrétés.

De l'eau

En pisciculture l'eau constitue une question de la plus haute importance. Elle doit être étudiée au point de vue : 1° de sa nature ; 2° de sa température ; 3° de son état ; 4° de son fond, etc.

Nature. — Pour être favorable à l'existence des poissons l'eau doit contenir 2 à 3 o/o en volume d'air atmosphérique et 2 o/oo, au plus, d'acide carbonique. Elle ne doit pas être crue, c'est-à-dire renfermer plus de 3 décigrammes de matières salines par litre (sels calcaires). On peut se rendre compte de sa richesse en sels calcaires dissous, par le procédé hydrotimétrique. Au point de vue piscicole l'eau ne

doit pas marquer plus de 40 à 60 degrés hydrotimé-
triques.

La nature des eaux varie beaucoup d'après les
terrains qu'elles traversent. Pendant les crues, les
sources et les cours d'eau charrient des quantités
variables de matières terreuses et organiques, qui
altèrent plus ou moins la nature de l'eau et sa limpidité.

La végétation aquatique joue un rôle assez important dans l'existence des poissons. Les plantes
submergées sont utiles, non seulement pour leur
nourriture, par les nombreux insectes et autres
petits animaux qu'elles attirent, mais aussi en entre-
tenant l'aération de l'eau et la régénération de l'oxy-
gène. En outre, elles procurent aux poissons un
abri contre la chaleur, la grande lumière et le froid,
contre les attaques de leurs ennemis et constituent
de bonnes frayères naturelles. A ce point de vue, les
plantes les plus utiles sont : la lentille d'eau, les
nénuphars, les phragmites, la renoncule d'eau, la
véronique aquatique, l'iris jaune, la fétuque flot-
tante, le cresson des fontaines, etc. Ce dernier indique toujours une bonne eau.

Les eaux qui peuvent être considérées comme
mauvaises pour la production du poisson sont les
suivantes ;

1° Celles qui sont trop calcaires, ou riches en divers sels de potasse, de soude, etc.

2° Celles qui renferment une certaine quantité de
fer, des acides humique, tannique, etc.

3° Enfin, les eaux qui sont altérées par des décompositions organiques, par des égouts, des résidus d'usines, ou qui sont exposées à une congélation de trop longue durée.

Température. — Le pisciculteur doit aussi prendre en sérieuse considération la température de l'eau, qui a une grande importance dans la vie du poisson. D'une manière générale, les extrêmes de chaud et de froid sont funestes.

Les changements brusques de température sont également mauvais. Ce sont surtout les eaux de la surface du sol qui sont les plus exposées à varier. Dans une étendue d'eau la température est variable. Lorsque le thermomètre reste au-dessus de o degré, l'eau est plus froide au fond et au milieu qu'à la surface et sur les bords. Le contraire se passe, lorsque la température est au-dessous de o. Enfin, l'altitude influe aussi s r la température de l'eau et sur la fonction respiratoire des poissons eux-mêmes.

Tous les poissons n'exigent pas la même température. Ceux de la famille des Salmonides (saumon, truite, etc.), demandent des eaux froides : de + 4 à + 12 degrés centigrades. Le brochet, la perche, etc., vivent dans des milieux ayant une température de + 8 à + 18 degrés. Les Cyprins et surtout la carpe et la tanche sont les poissons qui supportent les plus fortes températures de + 18 à + 25 degrés.

Etat. — Certains poissons (Salmonides) exigent des eaux limpides, vives, bien courantes (ruisseaux, rivières) ; d'autres, tels que les Cyprins, carpe, tanche, brème, etc., demandent au contraire des eaux tranquilles, plus stagnantes (étangs) ; enfin, certaines espèces prospèrent aussi bien dans les eaux vives que dans celles qui sont plus ou moins stagnantes, brochet, perche, meunier, etc.

Fond. — Le fond de l'eau est aussi une chose à considérer. Les Salmonides redoutent la vase, tandis que certaines espèces la recherchent, la carpe, la tanche, l'anguille, etc.

Reproduction des poissons

L'époque à laquelle les poissons pondent, et qui varie selon les espèces et les climats, s'appelle *fraye*. A ce point de vue on peut classer les poissons en quatre catégories :

1° Les poissons d'automne et d'hiver ou de 1re saison qui frayent de novembre à février, tels que les salmonides et diverses autres espèces.

2° Les poissons d'hiver et de printemps ou de 2me saison, qui frayent de janvier en avril (salmonides, brochet, etc).

3° Les poissons de printemps, ou de 3e saison qui frayent de mars à juin (perche, goujon, etc).

4° Les poissons d'été ou de 4me saison qui pondent en juin et juillet (carpe, tanche et autres Cyprins).

Frayères. — On appelle frayères, les endroits ou les femelles déposent leurs œufs. Ces frayères sont représentées par les herbes aquatiques de la surface des eaux pour les poissons à œufs adhérents (Cyprins et autres), et par le sable, le gravier du fond, aux endroits où l'eau est courante, pour les poissons à œufs libres (Salmonides).

Fraye. — On reconnaît assez facilement, par certains signes extérieurs, le moment de la ponte chez les femelles. Les principaux de ces signes sont les suivants : Le ventre est gros, mollement distendu, l'orifice anal est rouge et fortement injecté. Chez les poissons à œufs libres (Salmonidés), les œufs se déplacent facilement sous l'influence d'une faible pression et ne changent pas de couleur au contact de l'eau. Le moment de la ponte arrivé, la femelle frotte son abdomen sur le gravier ou sur des herbes pour expulser ses œufs. Chez les Cyprins, en général, la ponte ne dure que peu de temps. Dans d'autres espèces, (Salmonidés, etc.), l'expulsion des œufs dure quelques jours. Les poissons de cette dernière famille ont les œufs libres, indépendants les uns des autres. Dans d'autres espèces ils sont au contraire adhérents, agglutinés par une matière particulière (Cyprins, etc.).

Œufs. — D'une manière générale, les poissons sont très prolifiques, surtout les Cyprins. Une carpe et une tanche de taille moyenne peuvent donner de 150.000 à 250.000 œufs très petits. Les Salmonidés produisent des quantités moins considérables, le saumon et l'ombre, de 22.000 à 26.000, la truite, de 2.000 à 3.000 en moyenne, mais leurs œufs sont beaucoup plus gros que ceux des Cyprins. L'age auquel les poissons peuvent se reproduire dépend des espèces ; en général, c'est à partir de 3 à 4 ans.

Laitance. — La liqueur spermatique ou laitance, laite, renferme des spermatozoïdes qui sont les agents de la fécondation. Leur durée d'existence est très limitée de 3 à 5 minutes en moyenne. La vitalité des spermatozoïdes des principaux poissons est en moyenne la suivante :

Laitance du barbeau.............	2ᵐ 15ᵉ
— de la perche.............	2ᵐ 30ᵉ
— de la carpe et tanche....	3ᵐ 10ᵉ
— du gardon.............	3ᵐ 20ᵉ
— de la truite, saumon.....	4ᵐ à 5ᵐ
— du brochet.............	8ᵐ

Incubation. — La durée de l'incubation varie suivant les espèces et dans chaque espèce selon la température de l'eau. La chaleur accélère l'incubation. Le tableau suivant indique la durée moyenne de l'incubation des œufs des principales espèces de poissons :

	Epoque de la fraye	Durée de l'incubation
Salmonides		
Saumon commun......nov.-janvier.		50 à 70 jours
Saumon de Californie..sept-octobre.		50 à 60 —
Saumon du Danube ou Heusch.............mars-mai ...		45 à 65 —
Saumon salvelin.......nov-janvier.		55 à 75 —
Truite commune.......nov.-janvier.		50 à 70 —
Truite grande des lacs.nov.-janvier.		50 à 75 —
Truite arc-en-ciel.....janv-février.		50 à 60 —
Ombre commune......mars-avril...		25 à 40 —
Ombre chevalier.......nov.-déc.....		45 à 60 —
Corégone féra.. .. ...nov.-déc.....		40 à 60 —
Corégone blanc........nov.-déc.....		60 à 65 —
Cyprins		
Carpe...... . ...mai-juin		10 à 15 jours
Carpe carassin........mai-juin		8 à 15 —
Tanche.. .. . .mai-juin		6 à 10 —
Brême ....avril-mai....		8 à 15 —
Barbeau. ....mai-juin ...		8 à 15 —
Gardon........ ....avril-mai.....		8 à 12 —

Cyprins {	Rotengle ....avril-mai....	8 à 10	jours
	Chevaine..............avril-juin ...	8 à 10	—
	Meunier..............avril-mai....	8 à 15	—
	Goujon..............avril-juin ...	8 à 10	—
	Loche..............avril-mai....	10 à 15	—

Esoces... Brochet..............mars-avril... 10 à 20 jours

Percoïdes {	Perche..............avril-juin....	10 à 20	jours
	Gremille..............mars-avril...	20 à 30	—

Eclosion. — Pour la truite et le saumon cette durée a lieu dans une eau ayant une température de $+6$ à $+8$ degrés centigrades. L'incubation de ces mêmes œufs dure jusqu'à 95 jours dans un milieu d'une température de $+3$ dégrés environ. L'éclosion dure en général une huitaine de jours. Quelques œufs éclosent d'abord, puis un ou deux jours après le plus grand nombre d'alevins quittent leur enveloppe, et enfin quelques traînards restent pour la fin. Chez la truite et le saumon les éclosions durent en moyenne 4 à 5 jours.

Alevins. — Les alevins des Salmonides possèdent à leur naissance une vésicule ombilicale relativement très grosse contenant encore du vitellus qui leur sert d'aliment pendant le premier âge, six semaines environ. La résorption de cette vésicule a lieu ordinairement 40 à 50 jours après l'éclosion. A partir de ce moment, les jeunes poissons deviennent voraces. Ils doivent trouver à cet âge une nourriture presque microscopique et vivante. Dans les conditions naturelles il existe de nombreuses causes de destruction des œufs et des poissons.

Migrations. — Certains poissons exécutent des migrations qui n'ont, en général, pour but que les besoins de la reproduction. Ils se déplacent, ils changent de quartier, pour aller à la recherche d'une frayère, d'un lieu favorable pour pondre. C'est ainsi que les salmonides remontent les cours d'eau, s'engagent dans les ruisseaux et vont le plus près possible des sources.

Les poissons *anadromes* sont ceux qui quittent la mer, remontent les cours d'eau pour frayer (saumons, truite de mer, alose, éperlan, etc.). On appelle *catadromes* ceux qui se rendent des eaux douces à la mer pour frayer (anguille).

Acclimatation des poissons

Il est évident qu'un certain nombre de poissons exotiques, peuvent être acclimatés, avec plus ou moins de succès en France. Les peuples anciens avaient déjà fait voir la possibilité de l'acclimatation des poissons. Les Romains et les Chinois faisaient éclore des œufs de poissons de mer dans l'eau douce.

La carpe commune, a été importée d'Asie en Europe, ainsi que le *cyprin doré, carpe dorée, poisson rouge* originaire de la Chine. En Amérique, Franklin transporta, en eau douce, des œufs fécondés de harengs. Backwell, de Lacépède, et autres savants ont démontré, depuis longtemps, l'utilité de l'acclimatation des poissons, surtout de ceux de la famille des salmonides, qui fournit les espèces les plus importantes et les meilleures.

Depuis qu'on a trouvé le moyen de faire voyager facilement les œufs de poissons, l'acclimatation est devenue une opération assez facile et pratique. L'introduction des espèces sous forme d'œufs réussit beaucoup mieux que celle des poissons. Plus le sujet est pris jeune, mieux il s'adapte au nouveau milieu où il doit non seulement vivre et croître, mais encore se reproduire, c'est-à-dire naître.

Depuis quelques années, on a importé et acclimaté, en France, un certain nombre de poissons dont les principaux sont :

Famille des Salmonides. — SAUMONS. — 1° *Le Saumon du Danube ou Heusch*, qui provient de la Mer Noire, de la Mer Caspienne, du Danube et de ses affluents.

2° *Le Saumon de Californie ou Quinnat*, importé des Etats-Unis et qui réussit mieux que les autres espèces dans les eaux relativement chaudes. Il peut vivre aussi en captivité.

3° *Le Saumon des lacs* ou d'eau douce, qui provient de l'Amérique, de la Norwège, etc., susceptible aussi de vivre en captivité.

4° *Le Saumon salvelin*, importé d'Allemagne en 1852, par M. Coste, n'est pas migrateur, vit en captivité et jusqu'à des altitudes de 2.000 mètres.

TRUITES. — 1° *La Truite arc-en-ciel* importée des montagnes de la Californie en France en 1880. Excellente espèce pour le repeuplement des eaux des contrées chaudes.

2° *La Truite de fontaine*, qui provient de l'Amérique du Nord, importée en France en 1879. Elle est d'un développement rapide et acquiert de grandes dimensions.

3° *La Truite grande des lacs*, originaire des lacs de Suisse, peut vivre en eaux fermées et jusqu'à des altitudes de 1.500 mètres. Elle s'est très bien acclimatée en France.

4° *La Truite argentée* ou *Florelle* des lacs d'Ecosse et de Suisse.

CORÉGONES. — Les corégones qu'on rencontre en France, sont presque tous des poissons importés.

1° *Le Corégone Lavaret* et le *Corégone Féra* ont beaucoup de rapports entre eux. Ils ont été importés de Suisse et d'Allemagne, dans les lacs de l'Est de la France.

2° *Le Corégone blanc* qui provient des lacs de l'Amérique du Nord, est une très bonne espèce, rustique et très appréciée aux Etats-Unis.

3° *Le Corégone Marêne*, ou *Grande Marêne* des lacs d'Allemagne et de Suisse.

4° *Le Corégone Vandoise* des lacs d'Ecosse.

5° *Le Corégone Hareng* ou *Pollan* des lacs de l'Islande.

6° *Le Corégone de Baëer*, introduit en France en 1881, au moyen d'alevins provenant de Russie. C'est une excellente espèce rustique.

7° *Le Corégone de Lacépède*, des lacs d'Ecosse, et un certain nombre d'autres Corégones.

OMBRE. — *L'Ombre Chevalier* ou *Omble*, originaire de la Suisse, s'est très bien acclimaté en France. C'est une très bonne espèce, à chair très fine et très estimée.

LES CYPRINS. — Les principaux poissons de cette famille dont l'acclimatation a été tentée en France, ou qui ont été acclimatés sont :

CARPE. — 1° *La Carpe commune*, originaire de l'Asie et acclimatée en France, depuis plusieurs siècles. C'est aujourd'hui, un des poissons les plus répandus.

2° *Le Cyprin doré, Carpe dorée, Dorade de Chine* qui provient de la Chine et qui est acclimaté en France depuis fort longtemps, comme poisson d'ornement.

BARBEAU. — *Le Barbeau du Nil* ou *Binny* est indigène du Nil et très estimé en Egypte. M. Geoffroy Saint-Hilaire recommandait beaucoup l'acclimatation de cette espèce.

FONDULE. — *Le Fondule cyprinodonte* originaire de l'Amérique septentrionale, a été introduit en France en 1871.

Les Percoïdes. — Dans la famille des Percoïdes, nous trouvons également quelques espèces acclimatées en France et dont les principales sont :

1° *Sandre* ou *Sandat* originaire des lacs de l'Allemagne et de Russie, a été importée en France en 1851. Elle aime les eaux assez froides.

2° *Perche noire* originaire de l'Amérique et 3° *La Perche argentée* ou *Calico-Bass.*

Dans la famille des Pharyngiens : 1° *Le Gourami de Chine*, originaire de ce pays, s'est acclimaté dans divers pays. Il peut atteindre jusqu'à 2 mètres de longueur et vivre dans les eaux relativement chaudes. Sa chair est bonne. Lacépède recommandait beaucoup l'acclimatation de ce poisson. Diverses tentatives ont été faites et n'ont donné que des résultats médiocres.

2° *Le Macropode de la Chine* ou *Paradisier*, également originaire de la Chine où il vit dans les rizières et dans les viviers. Il a été introduit en France en 1869.

Dans la famille des Siluroïdes. — *Le Silure d'Europe* qui habite les cours d'eau du Nord-Est de l'Allemagne et de la Russie, surtout le Danube et le Volga. C'est un énorme poisson pouvant atteindre 2 à 3 mètres de longueur. Il a été introduit en France au commencement du siècle dernier, mais il est peu répandu. C'est un grand vorace et un destructeur.

Un certain nombre d'autres poissons, plutôt de fantaisie, par conséquent sans importance, ont été introduits en France. Ils n'offrent aucun intérêt au point de vue piscicole.

Classification des poissons (1)

Ostéoptérygiens			
Acanthoptérygiens (rayons des nageoires dorsales et anales, durs et osseux.			Perche, gremille, apron, épinoche.
Malacoptérygiens. Rayons des nageoires dorsales et anales, flexibles et articulés.	Mal. abdominaux		Salmonides, cyprins, etc.
	Mal. subbranchiens.		Lote..
	Mal. apodes.....		Anguille.

C'est surtout dans ces deux ordres que se trouvent les poissons qui font l'objet de la pisciculture d'eaux douces.

Au point de vue piscicole, nous classerons les poissons en trois catégories :

1° *Les poissons de cours d'eau ;*
2° *Les poissons d'étangs et lacs ;*
3° *Les poissons de cours d'eau et d'étangs.*

---

(1) *Ostéoptérygiens* (poissons à squelette osseux), *Chondroptérygiens* (poissons à squelette cartilagineux).

Poissons de cours d'eau

Les poissons qui vivent de préférence dans les cours d'eau, rivières et ruisseaux, sont surtout ceux de la famille des salmonides.

Les salmonides. — Les principaux poissons de cette famille sont : le saumon, la truite, l'ombre, le corégone, etc. Ce sont les meilleurs parmi les poissons d'eau douce. Ils produisent tous des œufs libres.

Truite. — La truite est l'habitant par excellence des rivières et ruisseaux. Elle affectionne les eaux limpides, courantes, froides, coulant sur fond de gravier et de cailloux. Elle aime surtout celles qui proviennent des terrains granitiques et qui descendent des montagnes. Toutes les variétés de truites sont carnivores, en même temps que très voraces. Elles se nourrissent de frai de poissons, de petits poissons, de divers animaux, de crustacés, d'insectes, etc. Lorsque les truites sont l'objet d'une culture intensive et qu'on les nourrit, on peut leur donner, comme nourriture, la feuille des cyprins, produite à cet effet dans des bassins spéciaux, des débris de viande et d'animaux divers. Les chantiers d'équarrissage peuvent rendre, à ce point de vue, de grands services. Toutes les truites ont une chair fine, délicate, très estimée et d'un prix élevé.

La truite est très répandue en France, malheureusement; la chasse acharnée qu'on lui fait partout, et en toutes saisons, produit un dépeuplement sensible de nos eaux. On la rencontre surtout dans les cours d'eau du Nord-Est, de l'Est, du Centre, du Sud-Ouest (région des Pyrénées surtout), etc.

Les principales espèces de truites sont les suivantes :

1° *La truite commune*, qui habite les ruisseaux à eau vive et froide. Sa longueur moyenne est de 35 à 40 centimètres et sa hauteur de 5 à 6 centimètres, poids moyen 750 gr. à 1 kg. 500. Dos vert noirâtre, côtés jaune doré, parsemés de taches, les supérieures brunes, les inférieures rouges. Ses couleurs varient un peu, selon les eaux qu'elle habite.

Cette truite fraye de novembre à janvier, selon les climats. Elle pond dans les endroits peu profonds des ruisseaux, près de la source, au milieu d'un courant et sur le gravier du fond. Elle donne en moyenne, 2,000 à 3,000 œufs libres et de couleur jaune ambré. Son accroissement est assez rapide :

	Dimensions.		Poids.
A 1 an.......	0.10 à 0.12 centim.		20 à 30 gr.
A 2 ans......	0.18 à 0.20	—	100 à 200 gr.
A 3 ans.......	0.20 à 0.27	—	300 à 450 gr.
A 4 ans.......	0.28 à 0.35	—	600 à 900 gr.
A 6 ans.......	0.40 à 0.45	—	1 à 2 kil.
A 10 ans.....	0.55 à 0.60	—	4 à 5 kil.

Elle peut, par la suite, atteindre des dimensions et des poids plus considérables de 5 à 7 kilogr. C'est surtout de 2 à 6 ans que l'accroissement est le plus rapide.

2° *Truite grande des lacs.* — Belle espèce qui habite surtout les lacs des Alpes, où elle acquiert des dimensions et des poids considérables. Elle est susceptible de vivre et de prospérer dans les étangs, pourvu que l'eau soit suffisamment courante, relativement froide, ombragée, à fond dépourvu de vase. L'accroissement de cette truite est plus rapide que celui de l'espèce précédente. Elle atteint également de plus grands poids. A l'âge de 4 ans, elle mesure en moyenne 37 à 42 centimètres et pèse 750 grammes à 1 kilogr. 500. Ses dimensions et son poids, à l'âge de 6 ans, sont les suivants : 46 à 55 centimètres de longueur et 2 kilogr. à 4 kilogr. Dans les grands lacs, elle arrive facilement à peser 8 à 10 kilogr. et même plus.

Cette espèce fraye en novembre et décembre, dans les courants et sur le gravier. Elle produit de 3,000 à 4,000 œufs. Au moment du frai, ses couleurs deviennent plus vives. Au point de vue piscicole, la truite grande des lacs est une espèce très recommandable sous tous les rapports, surtout lorsqu'il s'agit de la culture des lacs et étangs. C'est une truite rustique et un grand producteur de viande.

3° *Truite saumonée.* — La truite saumonée vit tour à tour à la mer et dans les eaux douces. Elle tient le milieu entre le saumon et la truite, sans en être un hybride, mais bien une espèce distincte. C'est un poisson *anadrome*, qui quitte la mer au commencement de l'été. Il s'engage dans les cours d'eau, passe dans les ruisseaux à eau vive, courante, coulant sur fond graveleux et fraîche. C'est là que cette truite fraye, de septembre à novembre. Elle acquiert, comme la précédente, de grandes dimensions et des poids considérables. Sa croissance est aussi rapide. Comme le saumon, c'est surtout à la mer qu'elle se développe le plus. C'est l'espèce qui possède la chair la plus fine, la plus délicate et la plus recherchée. Elle est de couleur rosée.

Au point de vue piscicole, comme culture industrielle, cette truite présente une importance moins grande que les autres espèces, étant un poisson migrateur.

4° *Truite arc-en-ciel.* — Cette truite, importée il y a quelques années d'Amérique, constitue une espèce précieuse pour les contrées méridionales de la France. Elle présente l'avantage de pouvoir vivre et prospérer, mieux que les autres, dans les eaux fermées (étangs). Elle résiste également à des températures un peu plus élevées. Ses alevins sont très vigoureux et sa croissance est rapide. Comme les deux espèces précédentes, elle peut atteindre des poids et des dimensions considérables. Sa chair est de très bonne qualité. Nous recommandons tout particulièrement cette truite pour le repeuplement de nos cours d'eau de la région du Midi.

Toutes les truites produisent des œufs non adhérents. La fécondation et l'incubation artificielles ne présentent aucune difficulté.

Il existe encore quelques autres espèces de truites, mais de moindre importance : 1° *la truite des fontaines ;* 2° *la truite de mer ;* 3° *la truite à grandes taches,* etc. Cette dernière est particulière à l'Algérie.

SAUMON (famille des Salmonides). — Le saumon naît dans l'eau douce et croît à la mer. C'est certainement le plus beau et le meilleur de nos poissons de cours d'eau. Comme la truite, il donne des œufs libres, un peu plus gros, de couleur jaune ambré, pouvant être fécondés et incubés très facilement par les moyens artificiels. En France, le saumon pénètre dans le Nord-Ouest, l'Ouest, le Centre et le Sud-Ouest, par les cours d'eaux qui se jettent dans l'Océan et la Manche ; dans le Nord-Est, et l'Est, par ceux qui se rendent dans la Mer du Nord. Les principales espèces de saumons sont les suivantes :

1° *Saumon commun.* — On le rencontre dans toutes les mers de l'hémisphère boréal, sauf dans la Méditerranée et la mer Noire, entre les 35° et 65° degrés de latitude. Il se reproduit en eau douce. C'est un poisson *anadrome.* Il quitte la mer en automne pour remonter les cours d'eau, dans lesquels il fraye de novembre à janvier, selon les climats et l'espèce. Il s'engage même jusque dans les ruisseaux. Il produit de 18,000 à 26,000 œufs en moyenne. Les endroits où le courant est vif, garni de gravier, constituent ses frayères. Les dimensions moyennes de ce saumon sont les suivantes : longueur, 1 mètre à 1ᵐ40 ; hauteur, de 18 à 22 centimètres. Sa bouche est grande, armée de trois rangées de dents. Le dessus et les côtés du corps sont ordinairement marqués de taches noires ; dos noirâtre ; flancs bleuâtres.

L'accroissement du saumon est rapide : à 2 ans, il mesure en général 20 à 25 centimètres et pèse 450 à 650 grammes. A 4 ans, sa longueur moyenne est de 45 à 55 centimètres et son poids 2 à 3 kilos. Il peut atteindre des dimensions et des poids considérables, de 8 à 15 kilos et même plus.

Comme la truite, les saumons, à leur naissance, portent une vésicule ombilicale, qui disparaît six semaines environ après l'éclosion. L'alevin de saumon porte pendant la première année le nom de *Parr*. A partir de 1 an il s'appelle *Smolt*.

C'est à cet âge, que les jeunes saumons font ordinairement leur premier voyage à la mer. De 2 à 3 ans, ils prennent le nom de *Grilses* et à partir de 3 ans celui de saumoneaux, puis saumons. C'est à la mer que ce poisson prend son plus grand développement et sa qualité.

Les saumons sont aussi des poissons voraces et carnivores. Ils consomment des insectes, des poissons et divers animaux aquatiques.

2° *Saumon de Californie ou Quinnat.* — Ce saumon habite les fleuves de l'Océan Pacifique, surtout en Californie et dans l'Orégon. Il présente de grands avantages : il peut vivre et prospérer dans des eaux plus chaudes que le précédent. Il est, de plus, susceptible d'être élevé en captivité. Le saumon de Californie constitue une espèce précieuse dans les fleuves, cours d'eau méditerranéens où le saumon commun manque. Il peut donc être employé très avantageusement pour le repeuplement de nos eaux des contrées méridionales. Nous le recommandons tout spécialement à l'attention des pisciculteurs du Midi.

Ce saumon fraye plutôt que l'espèce commune, généralement en septembre. Il atteint des dimensions et des poids encore plus élevés. Sa chair est de très bonne qualité.

3° *Saumon du Danube.* — Ce saumon, appelé aussi Heusch, se trouve surtout dans les cours d'eau des versants de la Mer Noire et de la Mer Caspienne. Il abonde particulièrement dans le Danube et ses affluents. Ses mœurs sont les mêmes que celles du saumon commun, mais il fraye plus tard, en mars et avril. Il atteint les mêmes dimensions. Sa chair est moins fine. Il a été importé en France, il y a quelques années, et on le multiplie dans quelques contrées. Ce saumon est très vorace et commet de grands dégâts lorsqu'il se trouve en contact avec d'autres poissons. Son accroissement est rapide.

Signalons encore le *Saumon Salvelin*, qui est le plus petit des saumons, le saumon des lacs, et le saumon de fontaine.

Le saumon salvelin présente plusieurs avantages ; 1° Il n'est pas migrateur et peut prospérer en captivité ; 2° c'est une espèce précieuse pour le repeuplement des étangs et lacs de montagnes, car il peut vivre juspu'à 2.000 mètres d'altitude et ne redoute pas les eaux très froides.

OMBRE COMMUNE (famille des Salmonides). — L'ombre ou omble commune est aussi un habitant des cours d'eau ombragés. On la rencontre surtout dans l'Est et en Auvergne. Ce poisson aime les eaux vives, limpides, courantes, froides, peu profondes, à fond graveleux et caillouteux. Il a les mêmes mœurs que la truite et vit dans les mêmes milieux. Sa longueur moyenne est de 30 centimètres et sa hauteur de 7 centimètres. Son corps est allongé, son dos vert noirâtre, ses flancs et son ventre d'un gris argenté. Il fraye en mars et avril, dans les courants et sur le gravier du fond. Sa chair est très bonne et recherchée. Le poids moyen de l'ombre est de 500 à 700 gr.

ALOSE (famille des Clupéides). — L'Alose est un beau poisson indigène de l'océan Atlantique, de la Méditerranée, etc. Sa longueur moyenne est de 60 centimètres à 1 mètre et sa hauteur de 18 à 25 centimètres. Son poids varie de 2 à 6 kilos. C'est aussi un poisson *anadrome*, qui quitte la mer en avril et mai pour remonter les grands fleuves, Gironde, Garonne, Adour, Loire, Seine, Somme, Rhône, etc., et frayer en mai et juin. L'alose dépose ses œufs, au nombre de 50,000 à 60,000, petits et libres, sur le gravier du fond, dans les courants. C'est au moment de la montée qu'on pêche l'alose. Après un séjour de 2 à 3 mois dans l'eau douce, elle retourne à la mer. Elle est alors épuisée, maigre et sa chair est molle et sans saveur. On peut soumettre l'alose aux moyens artificiels de reproduction.

Ce poisson vit de vers, d'insectes et de petits poissons.

Les Cyprins. — Quelques cyprins vivent de préférence dans les eaux courantes, ce sont des poissons sédentaires qui produisent en général des œufs adhérents. Ils sont très prolifiques, non carnivores et vivent en très bonne société avec diverses espèces.

Lorsqu'ils se trouvent en contact avec des poissons carnivores ils en deviennent bien vite les victimes. Souvent même ils sont produits dans ce but, soit dans les eaux habitées par les mangeurs, soit dans des bassins spéciaux ou dans les ruisseaux.

Les principaux cyprins qu'on rencontre dans les cours d'eau sont les suivants :

BARBEAU (famille des Cyprins). — Poisson de rivière d'une longueur moyenne de 30 à 50 centimètres et d'une hauteur de 5 à 6 centimètres, son poids ordinaire varie de 750 grammes à 1 kil. 500 grammes. Corps allongé, fusiforme, verdâtre en dessus, blanchâtre sur les côtés et en-dessous. Quatre barbillons, deux sur le bout et deux aux angles de la mâchoire supérieure. Le barbeau aime les eaux pures, claires et rapides, coulant sur fond cailouteux. Il habite surtout les cours d'eau du Midi. Ce poisson vit en société et fraye en troupes en mai et juin. Il dépose ses œufs, petits et jaunes, sur les pierres, dans les courants les plus rapides et les plus profonds. Il est carnivore et assez vorace. Il se nourrit de vers, d'insectes, de mollusques, de petits poissons, etc. Il croît rapidement et peut atteindre des poids assez considérables. Sa chair est blanche, de qualité ordinaire. Elle a d'autant plus de saveur que le poisson est vieux. Ses alevins réussissent difficilement en captivité.

Le barbeau peut être considéré comme un poisson destructeur, car il fait une chasse acharnée aux alevins des divers poissons. Il devient donc un hôte gênant et dangereux lorsqu'il s'agit de repeuplements.

Chevaine (famille des Cyprins). — Le Chevaine, *Meunier Chevaine* ou *Meunier blanc*, est un des plus grands poissons de nos cours d'eau. Sa longueur moyenne est de 45 à 50 centimètres et sa hauteur, 12 à 15 centimètres. Il pèse de 1 k. 500 à 3 kilos. Il peut atteindre des dimensions plus consirables. Sa tête est grosse et large, sa bouche très grande. Corps verdâtre en dessus, dessous et côtés d'un blanc brillant.

Le chevaine habite les rivières du nord et du centre de la France. Il aime les eaux vives à fond de gravier. Il se tient surtout près des déversoirs et des remous, en eau profonde, au-dessous des

moulins. Il est très vorace et se nourrit de matières
végétales et de proies vivantes. Il fraye en avril dans
les courants peu profonds. Ses œufs, petits et collants, sont déposés sur le sable et le gravier du fond.
La durée de l'incubation est de 8 à 10 jours. Chair
de qualité ordinaire avec beaucoup d'arêtes.

VANDOISE (famille des Cyprins). — La vandoise ou
Meunier argenté vit dans les mêmes milieux que la
précédente espèce, avec laquelle elle a beaucoup de
rapports, mais elle atteint des proportions beaucoup
moins grandes, 20 à 30 centimètres de longueur, et
un poids moyen de 400 à 600 grammes. Ce poisson
fraye de mars en juin. Sa chair est de qualité médiocre. Bonne espèce pour servir de proie aux poissons carnivores.

GOUJON (famille des Cyprins). — C'est un des
plus petits habitants de nos cours d'eau, mais ce
n'est certainement pas le plus mauvais. Tout le
monde apprécie une friture de goujons. La longueur
de son corps est de 10 à 15 centimètres et sa hauteur de 3 centimètres. Il est de forme allongée. Sa
bouche est pourvue de deux barbillons.

Ce petit poisson se trouve dans toutes les eaux
courantes à fond de gravier et de sable. On le rencontre surtout dans les ruisseaux. Il se tient de préférence dans les endroits les plus rapides et dans les
remous. Il fraye en mai et juin sur les pierres. Il ne
pond que la nuit et vit en société. On le rencontre
toujours en troupes nombreuses. Sa nourriture se
compose d'insectes, de vers, de petits œufs, de matières organiques, etc. Sa chair est blanche, grasse,
délicate et très recherchée. C'est le poisson qui

donne la meilleure friture. Les poissons carnivores l'apprécient aussi et lui font une guerre acharnée.

Le goujon est un poisson qui mérite d'être, non seulement protégé, mais multiplié. On doit favoriser sa reproduction en mettant à sa portée des frayères et en éloignant ses ennemis.

Divers poissons. — Parmi les poissons de cours d'eau, on peut encore citer: l'esturgeon (sturoniens).

L'*Ablette*, la *Loche*, etc., (cyprins); la *Grémille* ou *Perche-Goujonnière* (Percoïdes), la lamproie (pétromyzonides), etc.

Poissons d'étangs.

Les poissons qui vivent de préférence dans les étangs, et qui prospèrent le mieux dans les eaux tranquilles, plus ou moins chaudes, à fond vaseux, appartiennent surtout à la famille des Cyprins (carpe, tanche, brême, etc.).

Cyprins. — Ces poissons ont généralement les mœurs sédentaires, n'émigrent pas, frayent sur place et peuvent vivre dans des espaces relativement restreints. Ils se nourrissent de matières végétales et d'insectes. Ils sont généralement très prolifiques. Leurs œufs sont petits et adhérents.

Carpe (famille des Cyprins). — La carpe est le véritable poisson d'étang. C'est elle qui donne les meilleurs produits dans les eaux fermées, tranquilles, relativement chaudes, à fond plus ou moins vaseux. Sa longueur moyenne est de 3o à 4o centimètres, sa hauteur de 1o à 12 centimètres. Son dos arqué est d'un bleu verdâtre, côtés jaunâtres, tête grosse munie de quatre barbillons, dont deux aux angles de la mâchoire. La carpe fraye de mai en juillet, dans une eau ayant une température de 20 à 23 degrés centig. environ, sur les herbes de la surface et des bords, aux endroits peu profonds et ensoleillés. Ses œufs sont petits, verdâtres et adhérents. L'incubation dure de 8 à 15 jours, selon la température de l'eau. Elle donne 100.000 à 200.000 œufs. Sa croissance est rapide et elle atteint un âge et un poids respectables. On peut considérer la carpe comme un des plus grands producteurs de viande. A 1 an, elle pèse de 15 à 30 grammes ; à 2 ans, 70 à 100 grammes ; à 3 ans, 500 à 650 grammes ; à 4 ans, 850 grammes à 1 kilo 500 ; à 6 ans, 2 kilos 500 à 3 kilos 500 ; à 10 ans, 5 à 7 kilos. Elle peut encore atteindre des poids plus considérables. C'est entre 2 et 6 ans que sa croissance est la plus rapide. Elle se nourrit d'herbes, d'insectes, de petits coquillages, de graines, etc. C'est un poisson très sociable, mais il est souvent victime de la voracité des espèces carnivores. La carpe présente l'avantage de vivre un certain temps hors de l'eau, qualité précieuse lorsqu'il s'agit de la faire voyager.

Il existe quelques variétés de carpes :

1° La *Reine des Carpes* ou Carpe Soleil, beau poisson à croissance rapide ;

2° La *Carpe cuir* ou Carpe à miroir ;

3° La *Carpe Gibèle* ou Carpe bossue, qui peut vivre dans les marais et tourbières. Cette espèce peut avoir une certaine importance toutes les fois qu'il s'agit d'empoissonner des étangs ou des pièces d'eau quelconques à fond très vaseux ou tourbeux où l'eau est très peu courante et chaude ;

4° La *Carpe Carrassin*, qui aime les fonds de glaise, vaseux. C'est une espèce estimée. Elle fraye en juin. Elle résiste mieux que la carpe commune dans les eaux un peu froides. Elle est très rustique, mais sa croissance est assez lente et n'atteint que des poids relativement faibles. La carpe carrassin est une espèce très recommandable pour le repeuplement des étangs vaseux, surtout dans les pays froids. Elle supporte bien les eaux assez froides.

Dans les étangs à eau peu courante, chaude, à fond vaseux, c'est la carpe qui convient le mieux pour une culture industrielle. On peut la mélanger à la tanche.

TANCHE (famille des Cyprins). — Comme la carpe, elle aime les eaux tranquilles, assez chaudes, à fond plus ou moins vaseux, herbus. Sa longueur moyenne est de 35 centimètres environ et sa hauteur de 10 centimètres. Son dos est olivâtre, son ventre jaune, yeux rouges. Sa croissance est un peu plus lente que celle de la carpe et n'atteint pas non plus des poids aussi considérables. A 2 ans, elle pèse en moyenne 70 à 90 grammes ; à 4 ans, 550 à 750 grammes ; à 6 ans, 1 kilo 500 à 2 kilos. Plus tard, elle peut atteindre des poids de 3 à 4 kilos. Elle fraye en juin et juillet sur les herbes aquatiques auxquelles elle attache ses œufs, petits, verdâtres et adhérents au nombre de 150.000 environ. Dans un milieu ayant 21 à 23 degrés centig., l'incubation dure 7 à 11 jours. La chair de la tanche est de qualité ordinaire. Son goût varie selon le milieu où elle a vécu. La nourriture de la tanche est la même que celle de la carpe. Elle est herbivore et insectivore. Elle consomme toutes sortes de matières végétales, racines, graines, son, etc. Dans les étangs elle est cultivée presque toujours en mélange avec la carpe, mais en nombre généralement plus petit que cette dernière.

Brême (famille des Cyprins). — C'est encore un poisson d'étang, aimant les eaux peu courantes, à fond vaseux et herbus. Sa taille moyenne est de 25 centimètres, et son poids varie de 600 grammes à 1 kilo 500, mais elle peut atteindre, avec l'âge, des poids considérables. Son corps est très large et très comprimé, son dos arqué, noirâtre, côtés et flancs d'un jaune argenté. Elle fraye en avril et mai, en troupes, au bord de l'eau, sur les herbes auxquelles elle attache ses œufs, petits, d'un gris verdâtre. Sa chair est de qualité ordinaire. Elle est médiocre lorsqu'elle provient d'eaux très vaseuses. Le bruit et l'abaissement de la température empêchent la brême de frayer, ce qui entraine quelquefois sa mort. Elle se nourrit de végétaux en décomposition, d'insectes, de vers, etc. On peut l'engraisser assez facilement dans des viviers profonds, en la nourrissant avec divers débris végétaux, du son, des tourteaux, des racines, etc.

Loche d'étang (famille des Cyprins). — On la trouve dans les fonds vaseux des eaux tranquilles. Elle se tient presque toujours dans la vase. Elle a 20 à 25 centimètres de longueur moyenne. Elle fraye en avril et mai sur les plantes aquatiques. Ses œufs sont petits et collants.

Divers poissons d'étangs et de lacs. — Indépendamment de la famille des Cyprins, dans laquelle on trouve la plupart des poissons d'étang, la famille des

Salmonides fournit également quelques espèces pouvant prospérer en eaux fermées, pourvu qu'elles soient assez froides, suffisamment courantes, ombragées, à fond de gravier et de sable, dépourvu de vase.

Salmonides. — Les principaux salmonides susceptibles de donner de bons produits dans les lacs et étangs, lorsque ceux-ci réunissent les conditions que nous venons d'énumérer brièvement sont : L'*Ombre Chevalier*, les *Corégones*, la *Truite grande des lacs*, la *Truite arc-en-ciel* surtout, et quelques *Saumons*, le *Saumon de Californie* ou *Quinnat*, le *Saumon des lacs* et le *Salvelin*.

Lorsque la culture des salmonides est possible dans les pièces d'eau fermées, il ne faut pas hésiter à la pratiquer car elle donne des revenus bien plus considérables que celle des cyprins.

Ombre Chevalier (famille des Salmonides). — Ce poisson se rencontre surtout dans les lacs des Alpes. Il atteint une longueur moyenne de 30 centimètres et pèse de 500 à 750 grammes. Il peut acquérir des poids plus considérables. Sa chair, qui est saumonée, tendre, grasse, d'un goût excellent, est très recherchée. Il aime les eaux claires, à fond sableux et profondes. Il fraye en novembre et décembre. Ses œufs, jaunâtres et libres, sont déposés sur le gravier du fond, aux endroits où le courant est assez fort. On peut facilement les soumettre à la fécondation et incubation artificielles. Il se nourrit d'insectes, de mollusques, de petits poissons, etc. L'ombre chevalier demande des lacs et étangs profonds où l'eau est limpide et courante. Il se tient de préférence sur les grands fonds et ne vient à la surface qu'à la saison de la fraye. Il redoute plus la chaleur que le froid.

Corégone Féra (famille des Salmonides). — Le Corégone Féra est aussi un poisson qui aime les eaux profondes, assez froides et les fonds dépourvus de vase. Il est encore peu connu. Il habite surtout les lacs de Genève et du Bourget. La fécondation artificielle des œufs est facile, mais l'incubation assez délicate. Elle se fait sur la mousse mouillée ou sur les fonds sableux ; sa durée varie de 5o à 6o jours. La résorption de la vésicule ombilicale a lieu environ 20 jours après l'éclosion.

Sa nourriture consiste en vers, crustacés, mollusques, insectes, etc. Sa taille moyenne est de 40 centimètres environ et son poids varie de 85o grammes à 2 kilos.

Corégone Lavaret (famille des Salmonides). — Ce poisson a les mêmes habitudes et habite les mêmes eaux que le Corégone Féra. Il atteint également les mêmes dimensions et poids. C'est donc un proche parent du précédent.

Divers Corégones. — Il existe encore un certain nombre d'autres corégones, parmi lesquels nous citerons :

1° *Le Corégone de Baër*, introduit en France en 1881, est une excellente espèce alimentaire, moins carnassière et plus rustique que les autres, et qui mérite d'être propagée.

2° *Le Corégone Marêne* ou *Grande Marêne*, indigène du lac de Genève, peut prospérer dans les eaux moins profondes.

3° *Le Corégone blanc*, espèce très importante

aux Etats-Unis. Il est produit sur une grande échelle dans les lacs de ce pays.

4° Citons encore, le *Corégone Palée*, les *Corégones Hareng*, de *Lacépède*, etc.

La chair de ces divers Corégones est de bonne qualité. Ces poissons peuvent être cultivés dans les lacs avec la truite grande des lacs.

On peut encore élever dans les étangs, lorsque ceux-ci réunissent les conditions nécessaires :

1° La *truite grande des lacs*; 2° la *truite arc-en-ciel*; 3° le *saumon de Californie* ou *Quinnat* et le *saumon des lacs*.

Poissons de cours d'eau et d'étangs

Certaines espèces peuvent vivre et prospérer indifféremment dans les eaux plus ou moins tranquilles (étangs et lacs) et dans les cours d'eau. Mais la chair de ces poissons est toujours meilleure quand ils proviennent des eaux courantes. La plupart de nos poissons d'eaux douces se trouvent dans ces conditions.

Brochet (famille des Esoces). — Ce roi et tyran des eaux douces se rencontre partout (cours d'eau, lacs et étangs) où il se fait remarquer par sa grande voracité. Sa bouche est armée d'une façon redoutable de plusieurs rangées de fortes dents. Les étangs à eau assez froide et ombragée lui conviennent mieux qu'à la carpe et à la tanche. Sa tête est large, très aplatie, sa bouche très grande et son corps allongé, presque carré. La taille moyenne du brochet est de 45 à 55 centimètres, et son poids 2 à 3 kilos. Il peut atteindre une longueur de plus d'un mètre et peser de 10 à 20 kilos et même plus. Sa croissance est très rapide. A 2 ans, il mesure en moyenne 30 centimètres et pèse 500 à 700 grammes; à 4 ans, il a une longueur de 55 centimètres et un poids de 1 kilo 500 à 2 kilos 500; à 6 ans, 60 à 85 centimètres de long et 3 à 5 kilos 500. On voit que ce poisson est un très grand producteur de viande. Soumis à une culture intensive, il croît encore plus vite. Il fraye de février en avril. Ses œufs (45.000 environ) sont petits, rougeâtres, adhérents et déposés sur le sable ou sur les herbes, aux endroits peu profonds et tranquilles. La durée de l'incubation varie de 10 à 18 jours. Il se nourrit d'animaux aquatiques et de poissons, parmi lesquels il fait des dégâts considérables. Sa chair, qui est blanche et ferme, de bonne qualité, est recherchée. Quand il est élevé dans des pièces d'eau fermées, on peut le nourrir avec des débris de viande et des poissons produits spécialement pour lui.

Lorsque le brochet se trouve dans les pièces d'eau fermées avec d'autres espèces, surtout avec les Cyprins il commet des dégâts considérables. Les inoffensifs Cyprins deviennent ses victimes et disparaissent au bout de peu de temps. A défaut d'autres proies, le brochet ne craint pas de s'attaquer à ses semblables. Les plus petits sont dévorés, et, après un certain temps, il ne reste plus que les gros individus.

Perche (famille des Percoïdes). — On la rencontre dans la plupart de nos cours d'eau, étangs et lacs. C'est aussi un poisson carnivore et très vorace qui, comme le brochet, détruit une grande quantité de poissons lorsqu'il vit au milieu d'autres espèces. La perche a le corps comprimé, assez épais, d'un vert doré, avec 4 ou 5 bandes transversales noires. Sa longueur moyenne est de 3o à 40 centimètres, sa hauteur de 12 à 15 centimètres et son poids de 1 kilo environ. Elle peut peser jusqu'à 4 kilos. Elle fraye à partir de 3 ans, en mai et juin, dans les endroits profonds, et quelquefois en avril dans les eaux moins profondes et plus chaudes. Elle produit en moyenne 200.000 œufs petits, qu'elle attache à un corps quelconque de manière à former des cordons de 2 à 3 mètres de long qui flottent à la surface de l'eau. On peut ramasser ces cordons pour les mettre en incubation dans un endroit spécial, l'incubation dure de 10 à 20 jours. La perche se nourrit d'insectes, de poissons de toute espèce, même ceux de sa propre race, et elle tue tout ce qu'elle ne peut avaler. Sa chair est de bonne qualité.

Comme le brochet, quand elle est cultivée avec d'autres espèces, elle devient pour ces dernières, par sa voracité et ses instincts carnivores, un voisin des plus dangereux. Il est plus avantageux de cultiver ces deux poissons seuls, en les nourrissant copieusement avec des matières animales diverses, vivantes et mortes.

LOCHE FRANCHE (famille des Cyprins). — Connue encore sous les noms de *moutelle*, *dormille*, est un petit poisson de 12 centimètres de longueur environ. Elle aime à se cacher sous les cailloux. Elle fraye au printemps et dépose ses œufs sur le sable entre les pierres. Sa chair est de bonne qualité, grasse, délicate et recherchée. Les poissons carnivores lui font la chasse.

Meunier rosse (famille des Cyprins). — Ce poisson, plus connu sous le nom de *Gardon*, habite les cours d'eau et les étangs. Il fraye en mai et avril soit sur les pierres du bord de l'eau, soit sur les plantes. Sa principale nourriture consiste en vers, insectes, etc. Sa chair est médiocre, pleine d'arêtes. Ce poisson peut avoir une certaine importance lorsqu'il est produit pour la nourriture des espèces carnivores.

Gardon (famille des Cyprins). — Les diverses espèces de gardons, dont la principale est le *rotengle* ou gardon rouge, sont aussi des poissons blancs qui habitent les cours d'eau et les étangs.

Anguille (famille des Murénoïdes). — Poisson à corps cylindrique, long et grêle, ouïes petites ouvertes en un seul trou, sous les nageoires pectorales, tête petite et pointue. Dessus du corps brun verdâtre, le dessous d'un blanc argenté, ou jaunâtre. Ce poisson habite à peu près toutes les eaux douces de la France. Sa taille moyenne est de 50 à 85 centimètres et son poids varie de 800 grammes à 1 k. 500, mais elle peut atteindre jusqu'à 1^m40 de longueur et un poids de 4 à 5 kilos. L'anguille mâle serait un peu plus petite que la femelle. L'anguille ne se reproduit pas en eau douce. C'est un poisson catodrome qui descend à la mer, à l'embouchure des fleuves pour frayer vers l'âge de 5 ans environ. On présume que les mâles restent à la mer et qu'on ne rencontre dans les eaux douces que des femelles. Ces dernières pelotonnées en groupes descendent les cours d'eau en automne.

L'accouplement se ferait par entrelacement et la reproduction serait ovovivipare.

Au printemps, en mars et avril, les jeunes anguilles qu'on appelle *feuille* ou *montée* remontent les cours d'eau, passent de l'un à l'autre jusque dans les plus petits ruisseaux, les étangs et les lacs les plus élevés. Ces petites anguilles ont alors de 6 à 8 centimètres de longueur et peuvent servir au repeuplement des pièces d'eau.

L'anguille prospère dans toutes les eaux et ne demande que de l'ombre, des excavations, de la vase et des pierres pour y établir sa retraite. Elle vit surtout au fond de l'eau dans la vase. Mais parfois elle émigre par terre en rampant, surtout sur des prairies humides, pour se rendre dans d'autres eaux ou à la mer. Ces évasions ont surtout lieu à l'époque du frai. La disposition de son appareil respiratoire, permet à l'anguille de vivre longtemps hors de l'eau. Propriété précieuse pour le transport. L'anguille est carnivore et très vorace. Elle vit d'insectes, de vers, de frai d'autres poissons, de frétin d'écrevisses, etc. Il existe plusieurs variétés d'anguilles, mais qui présentent peu de différence entre elles :

1° *L'Anguille commune* ou *Verniaux*, qu'on rencontre dans toutes les eaux.

2° *L'Anguille large-bec* ou *Pimperneau*, répandue dans toutes les eaux.

3° *L'Anguille plat-bec* ou *Lachenaux*, qui habite les eaux saumâtres (Languedoc).

4° *L'Anguille long-bec* ou *Pougaou*, mêmes eaux.

5° *L'Anguille bec-oblong* ou *Guiseau*, se trouve dans divers cours d'eau et lacs.

La chair de ce poisson est bonne.

L'anguille peut devenir l'objet d'une culture rationnelle dans les étangs.

DIVERS POISSONS. — La carpe, la tanche, la brême et le meunier argenté, peuvent prospérer dans les cours d'eau, pourvu que l'eau ne soit ni trop vive, ni froide, ni trop ombragée. La chair de ces poissons est meilleure lorsqu'ils proviennent d'eaux courantes.

Exploitation des étangs et lacs

Dans l'exploitation des étangs, deux cas sont à considérer :

1° Lacs et étangs à eau tranquille, chaude, peu courante, à fond vaseux.

2° Lacs et étangs à eau plus courante, plus froide, ombragée, à fond sableux, graveleux, dépourvu de vase.

Lacs et étangs à eau peu courante, chaude, à fond vaseux. — Ces étangs sont en général les plus nombreux. Les poissons qui prospèrent le mieux dans ces pièces d'eau sont : la carpe, la tanche, la brême, l'anguille, etc. Les espèces qui donnent les meilleurs résultats sont certainement la carpe et la tanche.

Empoissonnement. — La saison la plus favorable pour empoissonner un étang c'est l'automne. On peut toutefois pratiquer cette opération en hiver, par un temps relativement doux, et au printemps, en mars.

Lorsqu'on pêche en automne ou en hiver, on peut laisser l'étang en *assec* pendant quelque temps pour le débarrasser de tous les poissons qui auraient pu échapper à la pêche. Dans ce cas, il faudrait, si cela se peut, détourner le ruisseau pour que de nouveaux habitants ne viennent pas prendre possession du domicile évacué.

Semence. — La meilleure semence est celle qui est âgée de 18 mois environ. La carpe pèse alors de 60 à 80 grammes et la tanche de 4c à 60 grammes. Le lancement doit se faire en déposant les jeunes poissons au bord de l'étang, dans un endroit peu profond. Dans cette opération il faut éviter le soleil. Le nombre de têtes à mettre par hectare varie de 600 à 1.200 selon la richesse de la pièce d'eau en nourriture. Si on nourrit copieusement les poissons ce dernier chiffre peut être dépassé. On peut leur donner comme nourriture des débris de légumes, des racines, et surtout des pommes de terre, du son, des tourteaux, des mauvais grains et même du fumier de cheval et de porc. C'est surtout pendant la belle saison, d'avril à octobre, que les poissons mangent.

Si l'empoissonnement se fait avec des carpes et des tanches seulement, on les emploie dans la proportions de : carpes 60, tanches 40, sur 100. Quelquefois on ajoute quelques brochets, perches et anguilles. Dans ce cas on peut avoir recours au mélange suivant : carpes 43, tanches 35, brochets et perches 12, anguilles 10 sur 100. Les brochets et les perches doivent être de plus petite taille que les cyprins, afin d'éviter que ces derniers ne deviennent les victimes de leur voracité. Si ces espèces carnivores sont complètement exclues on peut augmenter un peu le nombre des anguilles, sans toutefois dépasser le chiffre de 20 à 25 sur 100 têtes.

Pêche. — D'après nos propres expériences, il est préférable de pêcher l'étang 2 ou 3 ans après l'ensemencement que plus tard, car à partir de l'âge de 5 ans les cyprins croissent plus lentement. Les carpes et les tanches sont alors âgées de 4 à 5 ans environ et pèsent en moyenne : les premieres 800 grammes à 1 kil. 500 et les secondes 600 grammes à 1 kilo. La pêche peut avoir lieu en automne, novembre, en hiver par un temps relativement doux et au printemps, en mars.

Revenu. — Elle se pratique généralement en vidant l'étang et en recueillant le poisson dans des bassins. En admettant un ensemencement de 800 têtes à l'hectare et une perte de 100 têtes, on retrouvera à la pêche 700 poissons, carpes et tanches, d'un poids moyen de 800 grammes, et un poids total de 560 kilos. Le revenu brut, à o fr. 80 le kilo de poisson, sera de 448 fr. par hectare et pour trois ans, ce qui donne 149 francs de bénéfice brut par hectare et par an.

Il n'est pas possible de fixer, d'une manière même approximative, le bénéfice net. Il dépend d'une foule de circonstances influentes : prix de la semence, frais de pêche, dépenses de nourriture, etc. La valeur de la semence est de 6 à 8 fr. environ les 100 têtes. En déduisant les divers autres frais, inappréciables d'avance, on peut arriver à un bénéfice net de 60 à 90 fr. par hectare en moyenne. Si tous les étangs, susceptibles d'être cultivés, donnaient de pareils résultats, les eaux deviendraient une source importante de produits. Dans un étang, possédant un fond très vaseux, les poissons acquièrent un goût de vase très désagréable, qui déprécie leur qualité. On peut les débarrasser de ce goût en les déposant pendant quelques jours dans des bassins à eau courante et à fond non vaseux.

Lacs et étangs à eau plus courante, plus froide et à fond sableux, graveleux dépourvu de vase. — Dans ces pièces d'eau, moins favorables que les précédentes à l'élevage des cyprins, la truite est susceptible de donner de bons résultats ; mais il faut que l'eau soit bien courante et que sa température ne s'élève pas au-dessus de 16 à 18 degrés centig. à la surface, en été. L'ombrage est également nécessaire, tant au point de vue de l'entretien de la fraîcheur que de la nourriture des poissons par les insectes que les arbres attirent. Les espèces qui prospèrent le mieux dans les étangs sont la truite grande des lacs et la truite arc-en-ciel. Il faut réserver à cette dernière les eaux les plus chaudes.

La truite arc-en-ciel est une espèce des plus recommandables, surtout dans les contrées méridionales. Elle est très rustique, d'un rapide et grand développement et sa chair de très bonne qualité.

Le nombre de têtes à mettre par hectare varie de 600 à 1200 selon les ressources qu'offre l'étang en nourriture animale vivante, insectes, crustacés, mollusques, etc. Si cette alimentation naturelle est jugée insuffisante, on peut nourrir les truites avec des petits poissons (cyprins) produits à cet effet dans des pièces d'eau spéciales et des débris de viande et d'animaux. L'ensemencement se fait de la même manière que dans le cas précédent, soit à l'automne, soit au printemps, avec des alevins de divers âges. C'est lorsque les poissons sont âgés de 4 à 5 ans environ qu'il faut pratiquer la pêche. Quand une culture de truite réussit bien dans un étang, le bénéfice est beaucoup plus considérable que celui des cyprins et autres poissons.

On peut également élever dans les étangs où l'eau est fraîche, ombragée, plus ou moins courante, le fond vaseux ou non; le brochet et la perche. Dans ce cas, l'exploitation est la même que quand il s'agit des cyprins. Mais il ne faut pas perdre de vue que, contrairement à ces derniers, le brochet et la perche sont carnivores, très voraces et qu'ils exigent une grande quantité de nourriture. On peut les nourrir, comme la truite, avec des petits poissons et des débris de viande de toute sorte. Les chantiers d'équarrissage peuvent rendre de grands services dans ce cas. Enfin, on peut aussi cultiver les étangs en produisant de jeunes poissons pour repeuplement, et par l'élevage de l'anguille.

Lacs. — Il existe un certain nombre de lacs situés sur les montagnes dans lesquels l'eau est courante et froide. Ils offrent des milieux très favorables pour la culture de la truite et surtout du saumon salvelin.

Dans les grands lacs profonds, on peut cultiver avantageusement les corégones, la truite grande des lacs et le saumon des lacs.

Pisciculture artificielle

Dans la pisciculture naturelle, c'est-à-dire lorsque la multiplication des poissons a lieu sans l'intervention de l'homme, les œufs et les poissons sont exposés à de nombreuses causes de destruction, causes qui font que la plupart des poissons ne peuvent arriver à l'âge adulte. Ils sont détruits, soit sous forme d'œufs ou par la suite, à différents âges, et surtout comme alevins. Si bien que, dans les conditions naturelles, sur 100 œufs, on retrouve à peine 1 ou 2 poissons qui, après avoir échappé à tous les dangers, deviennent plus ou moins gros. Cette proportion de 1 à 2 p. o/o est trop faible. Les procédés de pisciculture artificielle ont précisément pour but de soustraire les œufs et les poissons à toutes ces causes de destruction (elles sont nombreuses dans la nature). L'homme préside à toutes les opérations, entoure les unes et les autres de soins intelligents et assidus, et on arrive ainsi à obtenir une bien plus grande quantité de poissons.

Les méthodes de pisciculture artificielle comprennent surtout :

1° *L'acclimation des poissons.* C'est grâce à elle que nous possédons aujourd'hui, des salmonides très recherchés.

2° *La fécondation artificielle* des diverses espèces (œufs libres, œufs adhérents).

3° *L'incubation artificielle* (œufs libres, œufs adhérents).

4° *Les incubateurs* ou appareils d'incubation.

5° *L'éclosion.*

6° *L'alevinage.* Les bassins.

7° *La nourriture* (nourriture animale, nourriture végétale, proies vivantes, proies mortes).

8° *Les maladies et ennemis des œufs et des poissons.*

9° *Le transport des œufs.* Les appareils.

10 *Le transport des poissons.* Les appareils.

11° *Les frayères artificielles.*

12° *L'aménagement et le repeuplement des eaux.*

13° *Les échelles à poissons.*

14° *Les causes de destruction*, etc.

Reproducteurs. — Les reproducteurs doivent toujours être choisis parmi les poissons adultes (3 à 4
ans au moins), les mieux conformés et les plus
vigoureux. Les salmonides, truites, ombres et corégones peuvent être conservés dans des bassins à
eau courante, fraîche, ombragée, limpide et à fond
sableux, graveleux.

Œufs et Laitance. — On peut se procurer les
œufs et la laitance nécessaires :

1° Au moyen des reproducteurs tenus en captivité
dans les bassins ou dans des caisses flottant sur
l'eau.

2° En achetant les œufs fécondés dans les établissements de pisciculture ;

3° En capturant des reproducteurs au moment de
la fraye ;

4° En recueillant les œufs sur les frayères naturelles. On a surtout recours à ce dernier moyen pour
les cyprins et autres poissons à œufs adhérents.

Le saumon commun étant un poisson migrateur
(anadrome), ne peut être conservé longtemps en
captivité. Il remonte les cours d'eau à l'époque de
la fraye et on peut alors le prendre facilement pour le
remettre à l'eau lorsque la fécondation est terminée.

Fécondation artificielle des œufs libres (Sal-
monides).

Aux signes déjà décrits au chapitre *reproduction
des poissons*, on reconnaît l'époque du frai. A ce
moment, lorsque les œufs sont bien mûrs, on pro-

cède à la fécondation. Il existe deux méthodes artificielles :

1° *La méthode ordinaire ou fécondation humide* qui consiste à déposer les œufs dans une terrine en poterie vernie, en porcelaine ou en verre (fig. 1), à fond large, contenant une certaine quantité d'eau, à ajouter la laitance, et à remuer soit à la main, soit avec la queue du mâle. Cette opération n'est pas difficile en elle-même, mais elle exige de la part de l'opérateur une grande habitude et beaucoup de célérité. On prend la femelle de la main gauche en

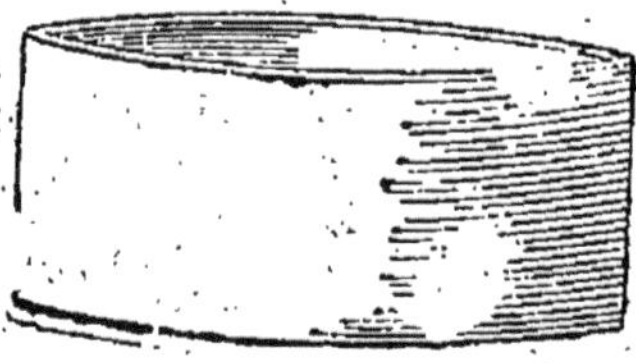

Fig. 1.

la tenant vers la tête, dans une position à peu près verticale. En pressant légèrement sur le ventre avec le pouce et l'index de la main droite, on fait sortir très facilement les œufs qui se trouvent naturellement près de l'orifice anal. On procède de la même manière sur le mâle pour extraire la laitance qui, en tombant dans l'eau, trouble cette dernière et lui donne une apparence un peu laiteuse.

Les œufs sont fécondés au bout de 4 à 5 minutes de séjour dans l'eau laitancée. Un point important dans la fécondation, c'est la température de l'eau dans laquelle on opère, et qui doit se rapprocher le plus possible de celle de l'eau qui sera employée pour l'incubation. Une fois fécondés, les œufs doivent être lavés à grande eau jusqu'à ce qu'ils soient parfaitement propres. On peut employer, à cet effet, la terrine (fig. 2).

2° *La fécondation à sec* ou *méthode russe* consiste à déposer les œufs dans une terrine sans eau. On ajoute la laitance et on recouvre le tout d'une petite couche d'eau, en remuant comme précédemment ; puis on procède au lavage 5 minutes après la fécondation.

Fig. 2.

La laitance d'un mâle peut féconder les œufs de 2 à 3 femelles.

Croisement. — Hybridation

Le croisement des espèces a lieu quelquefois dans les conditions naturelles.

Il est probable aussi que quelques hybridations s'opèrent en liberté entre certains individus d'espèces voisines.

La fécondation artificielle permet de pratiquer des croisements (mélanges de variétés dans la même espèce) et des hybridations (mélanges d'espèces différentes), opérations qui sont, pour la plupart, bien constatées et intéressantes au double point de vue pratique et scientifique. Nous ne ferons que citer les principaux croisements et hybridations tentés jusqu'ici :

Dans la famille des Salmonides : 1° Le saumon du Danube ou Heusch, avec divers autres Salmonides (Koltz) ; 2° de la truite commune avec la truite saumonée (D' Fraas) ; 3° le saumoneau avec les truites et les ombres (Gauckler) ; 4° l'ombre chevalier avec le corégone lavaret ; 5° le saumon salvelin avec la truite (Koltz), etc. Les combinaisons de croisements et d'hybridations entre poisssons de la famille des salmonides sont limitées par les différences existant dans l'époque du frai.

Dans la famille des Cyprins : La carpe commune 1° avec la carpe carassin ; 2° avec la carpe gibele ; et 3° avec le cyprin doré de Chine ; l'ablette avec le gardon Rotengle (Cuvier), etc.

De toutes ces opérations, il résulte en général :

1° Des produits qui acquièrent une chair de très bonne qualité.

2° Ils sont d'une croissance plus rapide que les parents.

3° Ils deviennent plus sédentaires que ces derniers, dont la plupart sont migrateurs anadromes.

4° Ils peuvent prospérer (salmonides) dans les eaux fermées, lacs et étangs, d'une température plus élevée.

5° Ils sont plus rustiques sous le rapport de l'alimentation et de l'habitat. On remarque assez souvent dans les métis, et surtout dans les hybrides, un certain nombre de curiosités. La vésicule ombilicale est parfois déformée de diverses façons. Les déviations de l'épine dorsale sont assez fréquentes.

Toutes les fois qu'il s'agit d'hybridations, il vaut mieux choisir le mâle dans l'espèce la plus petite de taille comme, par exemple, une truite mâle et un saumon femelle.

Le métis de la truite saumonée et de la truite commune est sédentaire, et prospère dans les eaux trop chaudes pour cette dernière.

Incubation artificielle des œufs libres (Salmonides)

Les œufs fécondés et bien lavés sont déposés dans

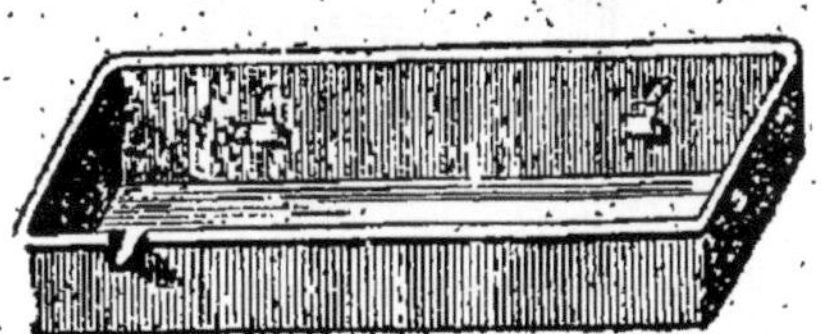

Fig. 3.

les appareils à incubation. Ces appareils sont représentés par des augets appelés rigoles d'incubation. La rigole Coste en poterie vernie est celle qui nous a donné les meilleurs résultats (fig. 3). Les œufs doivent être répartis très régulièrement, et en une seule couche, sur toute la surface de la claie A. Cette der-

nière est posée un peu au-dessus du milieu de la
rigole, où elle repose sur de petits appuis C. D. Les
œufs se trouvent ainsi placés au milieu du courant
de l'eau et les impuretés qui peuvent se trouver dans
cette dernière tombent au fond de la rigole. On
peut disposer plusieurs rigoles les unes au-dessous

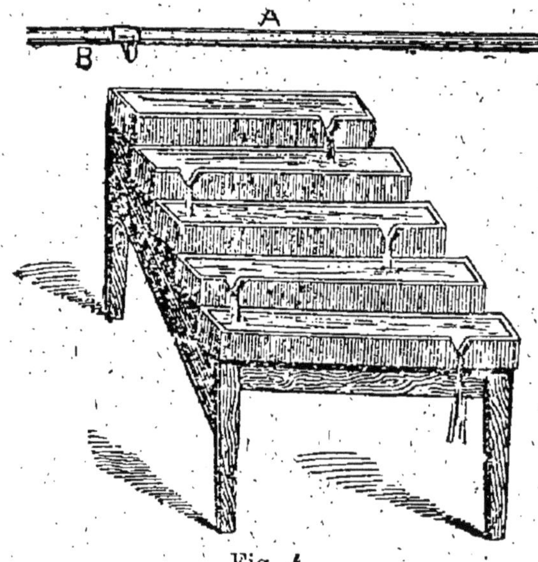

Fig. 4.

des autres par 3 ou 4 sur une certaine longueur. Un
tuyau d'amenée les alimente toutes (fig. 4). Il ne
faudrait pas cependant placer une trop grande
quantité de rigoles les unes au-dessous des autres,
car alors celles qui sont situées à la partie inférieure
reçoivent l'eau, plus ou moins altérée par son
passage dans les appareils supérieurs.

Cette installation a lieu ordinairement dans un

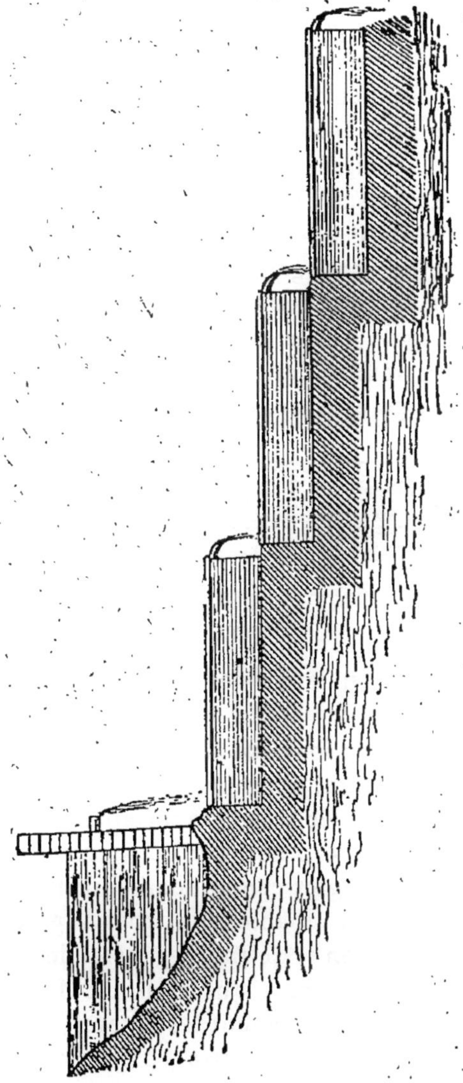

Fig. 5.

laboratoire ; les rigoles d'incubation doivent être placées de manière que les becs alternent, pour que l'eau puisse circuler d'un bout à l'autre de la rigole. L'incubation peut également avoir lieu en plein air, en disposant les rigoles, les unes au-dessus des autres, comme un escalier, dans un fossé ou dans une rigole (fig. 5). Dans ce cas, il faut soustraire les œufs à l'influence des changements brusques de température. Pour faciliter cette installation, nous avons modifié la rigole Coste en plaçant le bec d'écoulement à l'extrémité dans le sens de la longueur (fig. 6). Les rigoles d'incubation sont ainsi placées

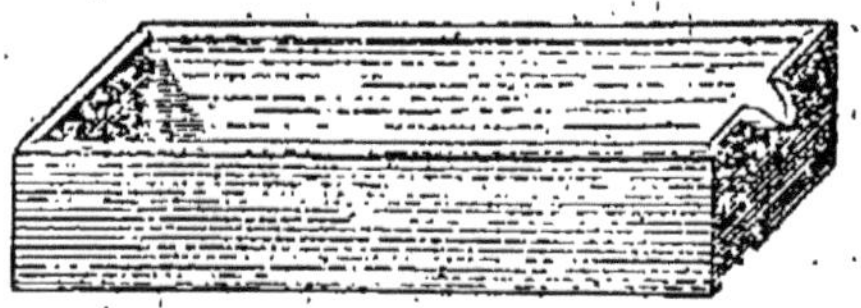

Fig. 6.

bout à bout, ce qui exige des rigoles et des fossés moins larges.

Pendant l'incubation, qui dure pour les salmonides de 50 à 80 jours, selon la température, les œufs doivent être l'objet de soins importants et assidus. La température de l'eau doit être constamment régulière ($+4$ à $+8$ degrés centig. constituent la température la plus convenable). Le froid augmente la durée de l'incubation et donne en général des alevins plus vigoureux. Les œufs qui meurent deviennent blancs. Il faut immédiatement les enlever, car ils ne tarderaient pas à compromettre l'existence des autres. Les rigoles d'incubation doivent être toujours très propres. Le lavage peut se faire très facilement en disposant d'une rigole qu'on remplit d'eau et dans laquelle on plonge la claie, chargée d'œufs, de celle qu'on veut nettoyer. Dans le laboratoire, qui doit être à l'abri des changements brusques de température, une demi clarté est préférable à une grande lumière, car celle-ci peut favoriser certaines maladies. Si l'eau n'est pas d'une limpidité parfaite, l'installation de filtres devient indispensable. Au bout de 1 mois environ, on aperçoit dans l'œuf une ligne courbe blanche. C'est le poisson : à l'une des extrémités, deux points noirs indiquent ses yeux ; on dit alors que les œufs sont embryonnés. Le corps du poisson se distingue de plus en plus et devient noirâtre par la suite. Vers les derniers jours de l'incubation, on le voit remuer.

Pendant la période d'incubation il faut éviter le plus possible de remuer les œufs. Une fois embryonnés, ils supportent beaucoup mieux les dérangements. Dans les manipulations, on emploie le pinceau, la pince, la pipette, etc. Le thermomètre doit être constamment dans l'eau.

Alevinage (Salmonides)

Chez les Salmonides, la période des éclosions dure en moyenne une huitaine de jours. Les rigoles sont alors encombrées d'enveloppes d'œufs et de divers débris ; les nettoyages sont d'autant plus nécessaires. Les alevins tombent au fond des rigoles. Il est préférable de les enlever à mesure pour les déposer dans le bassin d'alevinage (fig. 7). Ils se trouvent ainsi dans une eau plus propre et plus courante. On peut aussi les surveiller beaucoup mieux et leur donner plus facilement tous les soins qu'ils réclament.

A leur naissance, les alevins de salmonides sont pourvus d'une volumineuse vésicule ombilicale contenant la nourriture du premier âge. Cette vésicule diminue progressivement et disparaît complètement environ cinq semaines après l'éclosion.

Les alevins, dans les bassins d'alevinage, doivent être l'objet d'une surveillance continuelle. Les morts

Fig. 7.

doivent être enlevés immédiatement, car ils se décomposent vite. Il est même nécessaire de séparer les malades en les déposant dans un bassin spécial où l'eau est plus courante. On les reconnaît à leur teinte plus pâle et à leur peu de vigueur.

Dissémination

Quand les alevins sont destinés au repeuplement des cours d'eau, il est préférable d'opérer le lancement au moment de la résorption de la vésicule ombilicale. En les gardant plus longtemps, on serait obligé de les nourrir. La dissémination doit se faire autant que possible dans un ruisseau. On construit à différentes places des frayères, tas de cailloux de différentes grosseurs, puis on lache les alevins quelques mètres en amont de la dernière frayère.

Les jeunes poissons, entraînés par le courant, descendent le ruisseau, s'arrêtent aux tas de cailloux et s'y établissent pendant plusieurs mois. Ces frayères, desquelles ils ne s'éloignent que très peu, offrent des abris sûrs contre les attaques de leurs nombreux ennemis; ils se cachent entre les cailloux dès qu'ils aperçoivent le moindre danger.

L'opération du lancement doit se faire par une journée sombre et relativement froide, ou vers le soir. On ne doit pas précipiter les alevins, mais les déposer très doucement.

Elevage des salmonides

Quand on veut élever les alevins de salmonides, il est nécessaire d'avoir un certain nombre de bassins afin de pouvoir séparer les poissons de différents âges. Chaque bassin doit être suffisamment grand pour que les poissons soient bien à l'aise (fig. 8 et 9).

Quelques jours avant la résorption complète de la vésicule ombilicale, on doit commencer à nourrir les alevins.

Les proies vivantes constituent la meilleure nourriture pour les poissons de la famille des salmonides à tous les âges, mais pour les alevins ces proies doivent être presque microscopiques. Les daphnies constituent la meilleure nourriture du premier âge. On peut également donner aux jeunes alevins de la

cercelle tamisée, du foie hâché, etc., et surtout du
sang cuit et pulvérisé. Il faut éviter de donner une
trop grande quantité de nourriture à la fois, mais
faire des distributions très fréquentes. On empêche
ainsi, jusqu'à un certain point, les aliments de se
déposer au fond des bassins, ce qui est très mauvais
car ils corrompent, altèrent l'eau et communiquent
aux alevins des maladies. A partir de un an, les

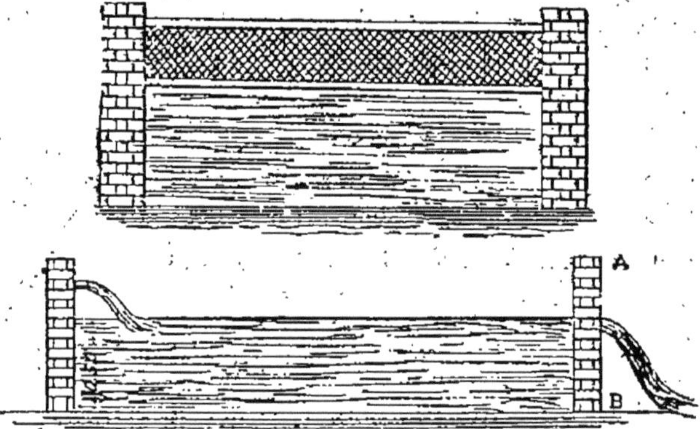

Fig. 8 et 9.

jeunes poissons sont plus faciles à nourrir avec les
mêmes matières. On peut également leur donner
de la viande hachée, des vers, des insectes, etc.
Plus tard, ils consomment toutes les proies animales,
vivantes ou mortes.

L'eau fournit également une certaine quantité de
nourriture. Des infusoires, en assez grande quantité
dans certaines eaux ; presque tous les ordres d'insectes fournissent des proies aux poissons, surtout
les névroptères, les coléoptères, les diptères, etc.,
des mollusques, et enfin des crustacés parmi lesquels

la crevette d'eau douce (Gammarus, pulex) vulgairement appelée puce d'eau, abondante dans la plupart des eaux, et qui constitue une excellente nourriture, des daphnies, etc.

Fécondation artificielle des œufs adhérents

Les œufs adhérents, comme ceux des cyprins et de beaucoup d'autres poissons peuvent également être soumis à la fécondation artificielle. Après s'être procuré des reproducteurs, on fait pondre de la même manière que les salmonides, une ou deux femelles dans une terrine contenant de l'eau et des herbes aquatiques. On fait tomber la laitance du mâle et on agite les herbes, sur lesquelles ont adhéré les œufs. Quelques minutes après on procède à un lavage à grande eau.

Incubation artificielle des œufs adhérents

On peut déposer les herbes, chargées d'œufs fécondés, dans des bassins contenant de l'eau, qui doit remplir les conditions nécessaires, ou dans des caisses spéciales qu'on laisse flotter à la surface de l'eau (étangs, rivières, etc.), percées de trous pour que le liquide puisse se renouveler.

On peut aussi faire incuber artificiellement des œufs fécondés naturellement sur des frayères naturelles ou artificielles.

Les œufs de la perche qui flottent, sous forme de cordons, à la surface des eaux peuvent être également ramassés et mis à incuber de la même manière.

Maladies et ennemis des œufs et des poissons

Diverses plantes microscopiques, les conferves, et entre autres une petite algue (Leptomitus clavatus), sont très actives dans leur œuvre de destruction; elles végètent sur des œufs malades ou morts, et entourent ceux qui sont sains d'un réseau cotonneux feutré qui les asphyxie. Diverses *diatomées* et *bacillariées*, etc., attaquent les œufs, les couvrent, empêchent leurs fonctions physiologiques de s'accomplir et occasionnent leur mort quelque soit leur dégré de développement. Pour éviter les dégâts de ces parasites, il faut immédiatement enlever les œufs morts et malades. Soumettre ces derniers à une eau courante et limpide, et à la suppression de la lumière.

Les œufs sont également attaqués par des larves d'insectes surtout par celles de quelques *hydrocanthares*. Une surveillance active peut seule éviter leurs dégâts.

Enfin, les grenouilles, les rats, les campagnols d'eau, la musaraigne, les oiseaux palmipèdes, divers poissons, etc., sont aussi des destructeurs de frai (1).

---

(1) L'homme, par le braconnage qu'il pratique trop souvent, est le plus cruel ennemi du poisson et la principale cause du dépeuplement de nos eaux. Il ne respecte rien, ni la mère prête a frayer, ni le petit poisson. Il détruit tout et par tous les moyens. Il ne recule pas même devant l'emploi des poisons. A son tour, il ne devrait pas être épargné et les peines les plus sévères, prévues par la loi, doivent lui être appliquées sans pitié.

Enfin, les poissons jeunes ou adultes, ont leurs parasites végétaux et animaux, internes et externes.

A ces causes, déjà trop nombreuses de destructions, viennent se joindre : 1° Les extrêmes de température ; 2° les débordements ou le dessèchement ; 3° l'altération des eaux par les égouts des villes, les résidus d'usines, etc. ; 4° la navigation ; 5° la pêche imprévoyante et surtout le maraudage.

Transport des œufs

SALMONIDES. — Les œufs de salmonides peuvent supporter un voyage de plusieurs jours à condition :

1° Qu'ils soient parfaitement embryonnés. Il faut que le poisson soit bien visible à l'intérieur de l'œuf. Avant ce moment tout dérangement serait funeste.

2° Qu'ils se trouvent dans un milieu ayant une température convenable $+ 2$ à $+ 8$ degrés centigr.

3° Qu'ils soient bien emballés.

Le moyen le plus simple et le plus pratique de les emballer consiste dans l'emploi de caisses. Dans une boîte de dimensions variables, on dispose 2 ou 3 couches d'œufs peu épaisses séparées les unes des autres par des couches de ouate. Les œufs sont enfermés dans des sachets de mousseline. Le tout doit être fortement mouillé. On peut parsemer la ouate de petits morceaux de glace. Cette boîte, close, est enfermée dans une seconde beaucoup plus grande. Les vides entre les deux boîtes sont remplis de mousse également bien mouillée et dans laquelle on peut ajouter aussi quelques morceaux de glace. Enfin, pour mieux isoler les œufs des influences extérieures, température, chocs, etc., on recouvre la caisse d'une couverture de laine. Pour des trajets très courts, on peut employer l'appareil représenté par la fig. 10 qui consiste en un cadre sur lequel on tend des toiles garnies de ouate.

Au déballage, quelques précautions sont à prendre. Après avoir ouvert la boîte contenant les œufs, on les arrose avec l'eau dans laquelle ils doivent être plongés, pendant au moins une 1/2 heure, pour ramener leur température, lentement et progressivement, à celle de l'eau.

ŒUFS ADHÉRENTS. — Le transport des œufs adhé-

Fig. 10.

rant aux herbes, comme ceux des cyprins, peut s'effectuer facilement en enveloppant les plantes sur lesquelles ils sont déposés dans des linges mouillés. Le tout est ensuite placé dans des boîtes ou paniers entre deux couches de plantes humides.

On peut aussi les transporter en déposant les herbes dans des vases contenant de l'eau. Ce dernier moyen s'applique également aux œufs agglutinés de la perche.

Transport des poissons

SALMONIDES. — D'une manière générale, plus les poissons sont jeunes, plus on les transporte facilement. Cependant, il faut éviter de les déplacer avant la résorption de la vésicule ombilicale.

Pour les salmonides, le transport ne doit s'effectuer pendant le jour, que quand la température est assez froide ; dans le cas contraire, il faudrait les faire voyager la nuit. On doit toujours éviter le soleil. Les alevins sont déposés dans des bocaux spéciaux munis d'un appareil insufflateur pour l'aé-

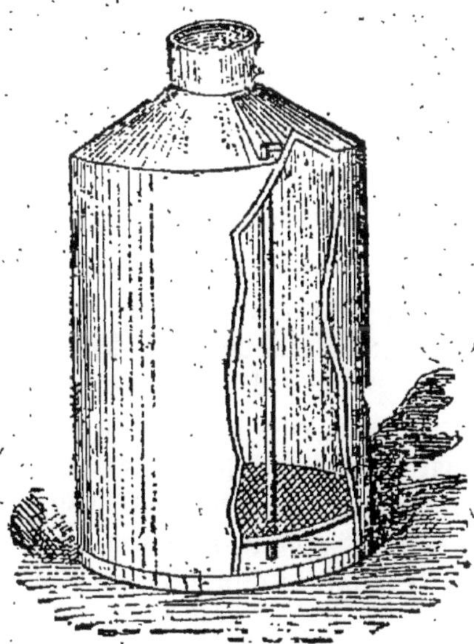

Fig. 11.

ration de l'eau (fig. 11). Quand cet appareil manque, on peut aérer au moyen d'un soufflet ordinaire muni d'un tuyau de caoutchouc. L'eau doit être renouvelée souvent et par petites quantités pour éviter des changements brusques de température. Le transport des salmonides adultes est beaucoup plus difficile. Il exige des procédés spéciaux et de grandes précautions.

Cyprins. — Les cyprins voyagent facilement quand ils sont déposés dans l'eau. Cette dernière doit être également renouvelée de temps en temps. Certains d'entre eux, la carpe surtout, peuvent supporter un voyage d'une certaine durée hors de l'eau. On les dépose dans ce cas, en une seule couche, dans des paniers ou caisses à grande surface et de peu de profondeur, entre deux lits d'herbes grossières et mouillées.

Etablissement piscicole

Un établissement complet de pisciculture comprend :

1° Un laboratoire où ont lieu l'incubation et l'alevinage. C'est un petit bâtiment qui doit être à l'abri des changements brusques de température, des inondations et pourvu d'une quantité d'eau suffisante. A ce point de vue, il faut que son niveau soit assez bas, par rapport à la prise d'eau qui l'alimente, pour qu'on puisse faire monter l'eau à une certaine hauteur et qu'elle retombe en chute assez haute dans les rigoles d'incubation. Le laboratoire renferme également les bassins d'alevinage. Il doit être pourvu de quelques appareils et outils.

2° D'un certain nombre de bassins d'élevage. Dans chaque espèce, il faut un bassin pour les poissons de 1 an, de 2 ans, etc. La quantité de bassins varie par conséquent beaucoup selon les espèces élevées dans l'établissement, et aussi suivant l'âge.

Lorsqu'on possède un ou plusieurs ruisseaux on peut simplifier beaucoup l'installation en construisant les bassins dans le ruisseau même. Il suffit, pour cela, de barrer une certaine longueur au moyen de grilles.

Ecrevisse

L'écrevisse, qui fait partie des crustacés, est un décapode macroure podophthalmaire. Elle habite principalement les ruisseaux à eau relativement froide, limpide, courante, coulant sur fond de cailloux. L'écrevisse aime les retraites sombres, elle se cache sous les pierres, sous les souches et dans des galeries qu'elle creuse.

L'écrevisse mâle se reconnaît à sa taille un peu plus forte, à deux paires d'appendices de plus que la femelle, placés sous les deux premiers anneaux de l'abdomen. La partie postérieure du corps est presque cylindrique. La queue et les anneaux de l'abdomen sont plus larges chez la femelle.

Variétés. — Il existe deux variétés d'écrevisses :

1° L'écrevisse à *pieds blancs* qui habite surtout les eaux vives, limpides assez froides et bien courantes et se tient de préférence dans les remous.

2° L'écrevisse à *pieds rouges* qu'on rencontre dans les eaux plus profondes et moins courantes. Cette dernière peut être cultivée avantageusement, dans les pièces d'eau, bassins, etc., elle est de meilleure qualité et plus grosse que la première. Elle est également plus sédentaire.

Accouplements. — Les accouplements ont lieu ordinairement au mois d'octobre.

Fécondation. — C'est sur la paroi du plastron interne, qui sépare les pattes postérieures de la femelle, que le mâle dépose sa matière fécondante ; elle se solidifie en quelques minutes. Après l'accouplement la femelle vit seule, creuse un trou dans lequel elle se blottit.

Ponte. — La ponte a lieu dans le courant de novembre et commencement de décembre. L'écrevisse sort de son trou pour pondre. Cet acte dure 3 à 4 jours. Les œufs, qui forment une grappe noirâtre attachée sous la carapace de l'écrevisse, sont fécondés au contact de la liqueur séminale.

Incubation. — Les œufs, ainsi placés, sont pendant toute la durée de l'incubation, 6 mois environ, de novembre à mai, sous la protection de l'écrevisse, qui les soigne et les nettoie sans cesse.

Eclosion. — Les éclosions ont lieu dans le courant de mai. L'écrevisse quitte alors sa retraite. Les petites écrevisses sont parfaitement conformées, et ne subissent aucune transformation. La mère les abrite quelque temps. Elles ont une longueur de 0ᵐ010 environ.

Mues. — C'est au moment des mues, c'est-à-dire lorsque l'écrevisse change de carapace que l'accroisment a lieu.

La première année, les jeunes écrevisses subissent deux ou trois mues, puis elles ne changent de carapace qu'une fois par an, vers la fin de juin.

Nourriture. — Les jeunes écrevisses se nourrissent surtout d'insectes microscopiques et d'infusoires. Les adultes sont très voraces. Elles mangent des matières animales et végétales. Elles préfèrent les premières, mollusques, sangsues, phryganes, petits poissons, etc. On peut les nourrir avec toutes sortes de débris d'animaux.

Croissance. — La croissance de l'écrevisse est assez lente, car elle ne subit qu'une mue par an. L'accroissement moyen est le suivant :

à 1 an, longueur, 0^m05, poids, 1 gr. à 2 gr.,
  2 ans, — 0^m07, — 3 gr. à 5 gr.,
  4 ans, — 0^m10, — 16 gr. à 18 gr.,
  6 ans, — 0^m13, — 25 gr. à 30 gr.

L'écrevisse âgée (15 ans) atteint un poids moyen de 75 grammes.

L'écrevisse très âgée (20 ans et au-delà) pèse 100 à 130 grammes. Ce crustacé n'est vendable que lorsqu'il pèse 45 à 55 gr., c'est-à-dire vers l'âge de 8 ans.

Maladies. — *Causes de destruction.* — Les affections qui causent la mort des écrevisses sont assez nombreuses :

1° La *mue* constitue une période critique que beaucoup d'écrevisses ne supportent pas. 2° La *rouille* qui est une maladie de la carapace. Il faut éviter les trop grandes agglomérations. 3° L'altération des eaux, produite par une cause quelconque, fait parfois beaucoup de victimes. 4° Citons aussi, comme cause de destruction, le braconnage.

Ostréiculture

On entend par ostréiculture la producttion de l'huître. Cette production constitue une industrie très importante sur les côtes de France, surtout sur celles de la Manche et de l'Océan.

La culture de l'huître, qui est un mollusque lamellibranche, comprend deux parties :

1° La *production de l'huître,* qui nécessite plusieurs opérations : a) La récolte des embryons sur les collecteurs ; b) L'enlèvement des collecteurs, la conservation ; c) Le détroquage ou enlèvement des jeunes huîtres ; d) La conservation en caisses ou sur des tes-

\sons ; *e)* Les bassins ou claires dans lesquels on dépose les jeunes huîtres.

2° *L'élevage* se fait dans des bassins appelés *parcs.* Ils doivent être établis à proximité de la mer et recevoir l'eau soit au moyen de canaux, soit au moment des marées. Dans le premier cas l'eau est constamment courante, dans le second, elle se renouvelle deux fois par jour à mer haute.

Les parcs situés à l'embouchure des cours d'eau offrent des conditions favorables pour l'engraissement des huîtres.

PRINCIPAUX PARCS. — Nous les diviserons en trois grandes catégories :

PARCS de la MANCHE	Bretagne Normandie	Seine-Inférieure	Dieppe ; Fécamp.
		Calvados	Trouville : Dives ; Ouistreham ; Courseulles ; Grand-Camp.
		Manche	*Saint-Waast-la-Hougue ; Barfleur ; Cherbourg ; Granville.
		Ille-et-Vilaine	*Cancale ; Saint-Malo.
		Côtes-du-Nord	Saint-Brieuc : Le Légué, Binic ; Tréguier.
		Finistère	Saint-Pol-de-Léon ; Roscoff.
PARCS DE L'OCÉAN ATLANTIQUE	Bretagne	Finistère	Le Conquet ; Audierne : Pont-Labbé ; *Concarneau ; *Belon. Lorient ; Port-Louis ; Etel.
		Morbihan	*Bassin d'Auray : Auray, Le Bono, Plouharnel, Carnac, Saint-Philibert, La Trinité, Locmariaquer. etc. *Golfe du Morbihan : Arradon, Arzon, Port-Navalo, etc.
	Ouest-Sud-Ouest	Loire-Inférieure	Le Croisic ; Pornic.
		Vendée	Les Sables-d'Olonne.
		Charente-Inférieure	*Marennes : Marennes, La Tremblade. Fourras ; Ile de Ré ; Ile d'Oléron.
		Gironde	*Bassin d'Arcachon : Arcachon, La Teste-de-Buch, Andernos, Mestrat, Cujan, etc.
		Landes	Cap-Breton.
		Basses-Pyrénées	Biarritz ; Saint-Jean-de-Luz.
PARCS de la MÉDITERRANÉE		Var	Parc de la rade de Toulon.

*Les parcs précédés de ce signe sont les plus importants.

TABLE DES MATIÈRES

Aviculture

Pisciculture en eaux douces

Imp. du *Petit Troyen* G. Arbouin, 126, rue Thiers, Troyes